Sibernetik Hobi Elektronik

❧

Temel Düzey

SIBERNETIK HOBI ELEKTRONIK

İÇİNDEKİLER

Merhaba! Benim adım "Albot".
Projelerinizde size ben yardımcı olacağım!

Bölüm I

Başlıca Temel Elektronik Bileşenleri Yakından Tanıyalım

Direnç

Direnç (220 Ohm Değerinde)

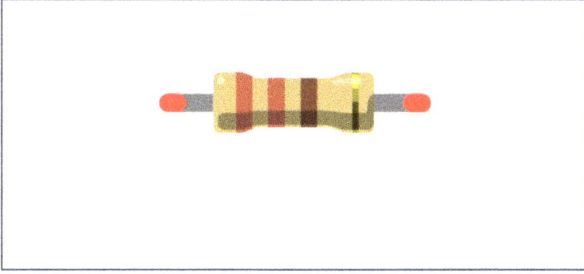

Çeşitli değerlerdeki dirençler

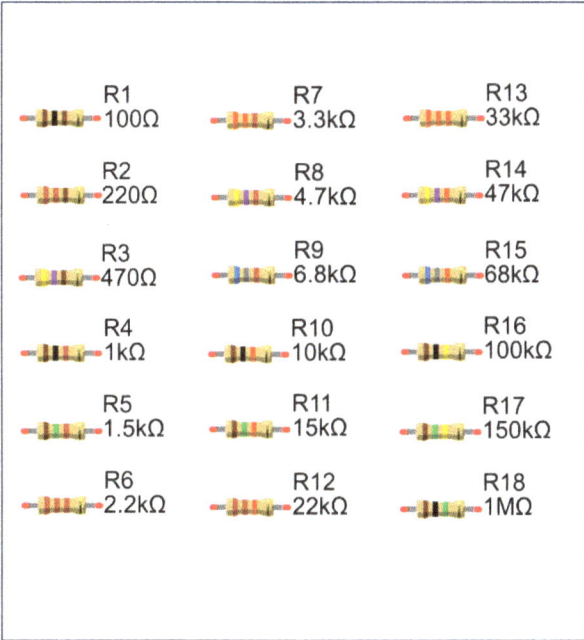

R1 — 100Ω	R7 — 3.3kΩ	R13 — 33kΩ
R2 — 220Ω	R8 — 4.7kΩ	R14 — 47kΩ
R3 — 470Ω	R9 — 6.8kΩ	R15 — 68kΩ
R4 — 1kΩ	R10 — 10kΩ	R16 — 100kΩ
R5 — 1.5kΩ	R11 — 15kΩ	R17 — 150kΩ
R6 — 2.2kΩ	R12 — 22kΩ	R18 — 1MΩ

Devre elemanı olan direnç, devrede akıma karşı bir zorluk göstererek akım sınırlaması yapar. Elektrik enerjisi direnç üzerinde ısıya dönüşerek harcanır.

Direncin birimi "Ohm"'dur. Ohm'un ast katları; pikoohm, nanoohm, mikroohm, miliohm, üst katları ise; kiloohm, megaohm ve gigaohm'dur.

Dirençler devrelerde;

- Devreden geçen akımı sınırlayarak belli bir değerde tutmak,
- Devrenin besleme gerilimini bölüp küçülterek diğer elemanların çalışmasını sağlamak,
- Hassas devre elemanlarının yüksek akımdan zarar görmesini engellemek,
- Yük alıcı görevi yapmak,
- Isı enerjisi elde etmek gibi çeşitli amaçlarla kullanılır.

Bobin

Bobin

L1

Çeşitli bobinler:

Direnç tipi bobinler:

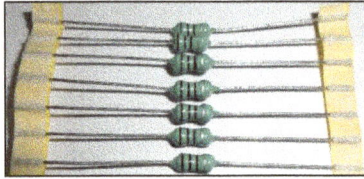

Bobin bir iletken telin üst üste ya da yan yana sarılması ile üretilen devre elemanıdır. Bobinin birimi henry (H), simgesi ise L dir.

Bobine alternatif akım (AC) uygulandığında, akımın yönü sürekli değiştiğinden dolayı bobin etrafında bir manyetik alan oluşur. Bu manyetik alan akıma karşı ek bir direnç gösterdiğinden, AC devrelerde bobinin akıma gösterdiği direnç artar. Doğru akım (DC) devrelerde ise bobinin akıma karşı gösterdiği direnç, sadece bobinin üretildiği metalden kaynaklanan omik dirençtir.

Kondansatörlerin elektrik yüklerini depolayabildikleri gibi, bobinler de elektrik enerjisini kısa süreliğine manyetik alan olarak depo ederler. Bu iki devre elemanı arasındaki önemli fark ise; kondansatörler devreye bağlıyken gerilimi geri bırakırken (faz farkı), bobinlerin gerilimi ileri kaydırmasıdır. Bobin ve kondansatörlerin gerilim ve akım arasında yarattığı faz farkı uygulamalarda farklı şekillerde fayda ya da zararlara neden olur.

Kondansatör

Çeşitli değerlerde elektrolitik kondansatörler

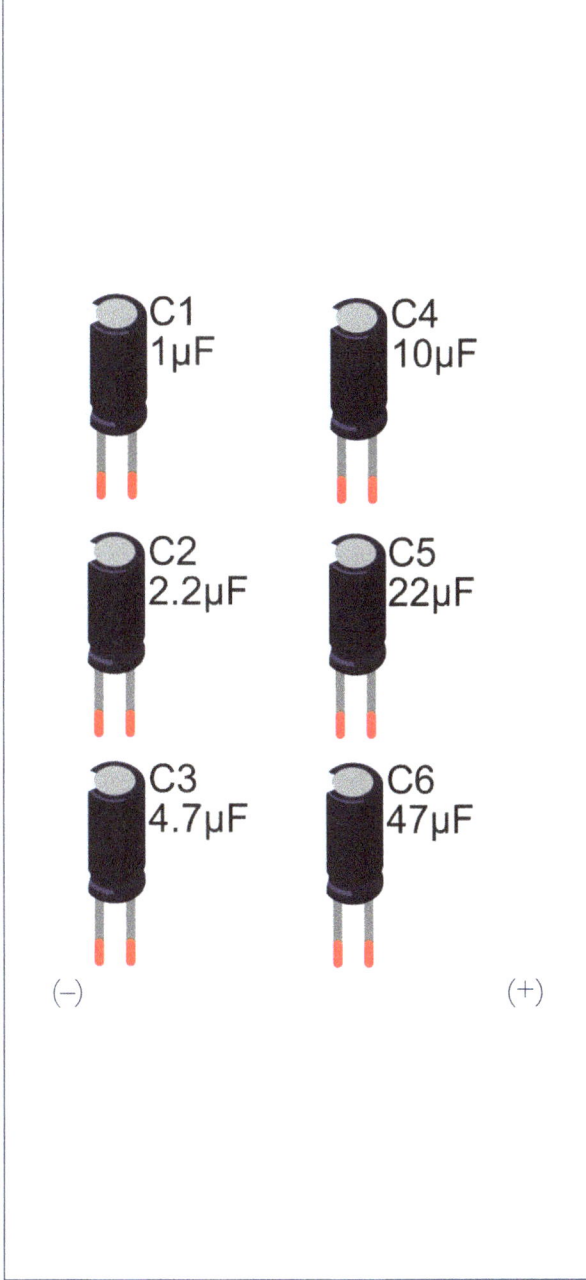

C1
1µF

C4
10µF

C2
2.2µF

C5
22µF

C3
4.7µF

C6
47µF

(−)   (+)

Kondansatör, elektronların kutuplanarak elektriksel yükü elektrik alanın içerisinde depolayabilme özelliklerinden faydalanılarak, bir yalıtkan malzemenin iki metal tabaka arasına yerleştirilmesiyle oluşturulan temel elektrik ve elektronik devre elemanıdır.

Elektrik yükü depolama, reaktif güç kontrolü, bilgi kaybı engelleme, alternatif akım (AC) ya da doğru akım (DC) arasında dönüşüm yapmada kullanılırlar ve tüm entegre elektronik devrelerin vazgeçilmez elemanıdırlar.

Kondansatörlerin sembolü c, birimi ise farad'dır. Farad'ın katları; nanofarad, mikrofarad, vb şeklindedir.

İletken levhalar arasında bulanan maddeye elektriği geçirmeyen anlamında dielektrik adı verilir. Kondansatörlerde dielektrik madde olarak; mika, kağıt, polyester, metal kağıt, seramik, tantal vb. maddeler kullanılabilir. **Elektrolitik ve tantal kondansatörler kutupludur.** Bu nedenle sadece DC ile çalışan devrelerde kullanılabilirler. Kutupsuz kondansatörler ise DC veya AC devrelerinde kullanılabilir.

Devre içerisinde kullanılırken her zaman doğru yönde bağlanması gerekmektedir. Anot ve katot yönü çok önemlidir.

Çeşitli değerlerdeki seramik kondansatörler

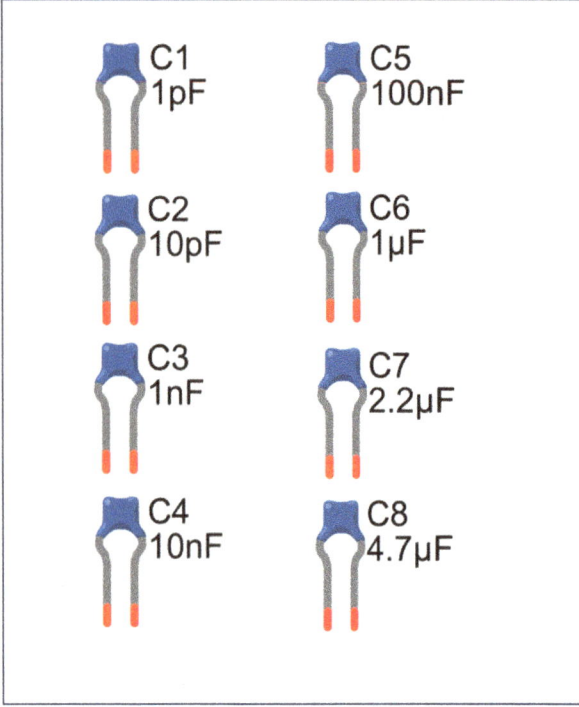

C1 1pF
C5 100nF
C2 10pF
C6 1µF
C3 1nF
C7 2.2µF
C4 10nF
C8 4.7µF

Çeşitli değerlerdeki tantal kondansatörler

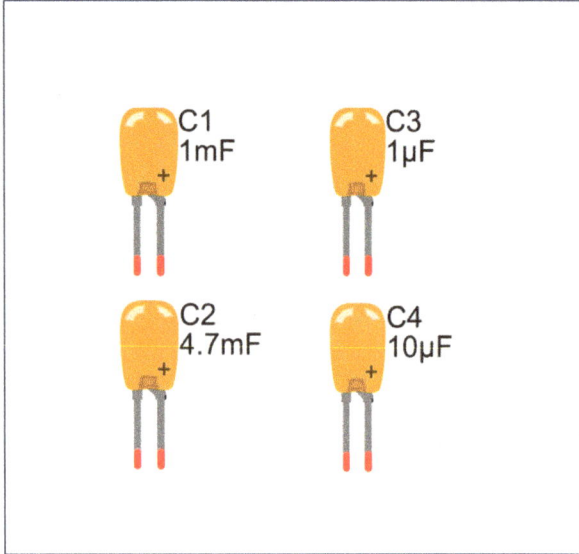

C1 1mF
C3 1µF
C2 4.7mF
C4 10µF

Değerleri değiştirilebilir varyabl kondansatörler

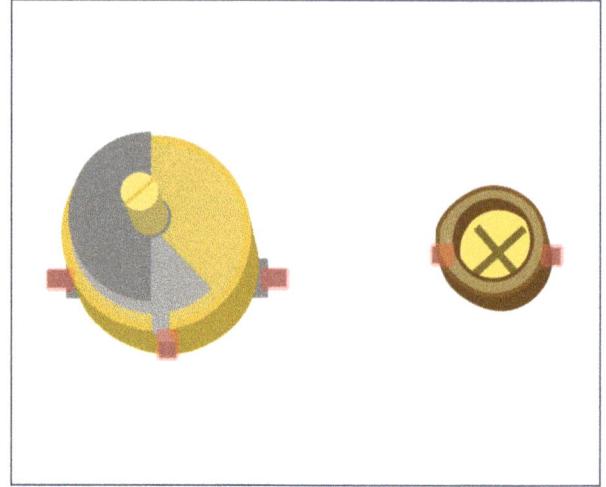

Kondansatörlerin paralel bağlanmasıyla gerçekleştirilen varyabl kondansatörler, iki parçadan oluşur, durağan parçasının adı stator, hareketli parçasının adı rotordur.

Kondansatörlerin boyutları ve biçimleri farklılıklar gösterebilmektedir.

Genel anlamda kondansatörlerin kapasitesi arttıkça boyutları da artmaktadır. Öte yandan elektronik devre elemanlarının türleri aynı olsa bile farklı üreticiler tarafından sağlanan ürünlerde, biçim, boy ve renk gibi çeşitli farklılıklar gösterebilmektedirler. Bu sayfada gösterilenler dışında; kağıt, mika, plastik, metal, polyester, SMD ve daha bir çok türde farklı kondansatörler de bulunmaktadır.

Diyot

Diyot (Rektifiye edici)

(Katot) –   + (Anot)

Diyot, yalnızca bir yönde akım geçiren devre elemanıdır. Bir yöndeki dirençleri ihmal edilebilecek kadar küçük, öbür yöndeki dirençleri ise çok büyük olan elemanlardır.

Direncin küçük olduğu yöne "doğru yön" veya "iletim yönü", büyük olduğu yöne "ters yön" veya "tıkama yönü" denir. Diyot sembolü akım geçiş yönünü gösteren bir ok şeklindedir.

Ayrıca, diyotun uçları pozitif (+) ve negatif (-) işaretleri ile de belirlenir. "+" uca anot, "-" uca katot denir. Diyotun anoduna, gerilim kaynağının pozitif (+) kutbu, katoduna kaynağın negatif (-) kutbu gelecek şekilde gerilim uygulandığında diyot iletime geçer.

Diyotun P kutbuna "Anot", N kutbuna da "Katot" adı verilir. Diyot N tipi madde ile P tipi maddenin birleşiminden oluşur.

Devre içerisinde kullanılırken her zaman doğru yönde bağlanması gerekmektedir. Anot ve katot yönü çok önemlidir.

LED

Çeşitli renklerdeki görünür ışıklı LEDler

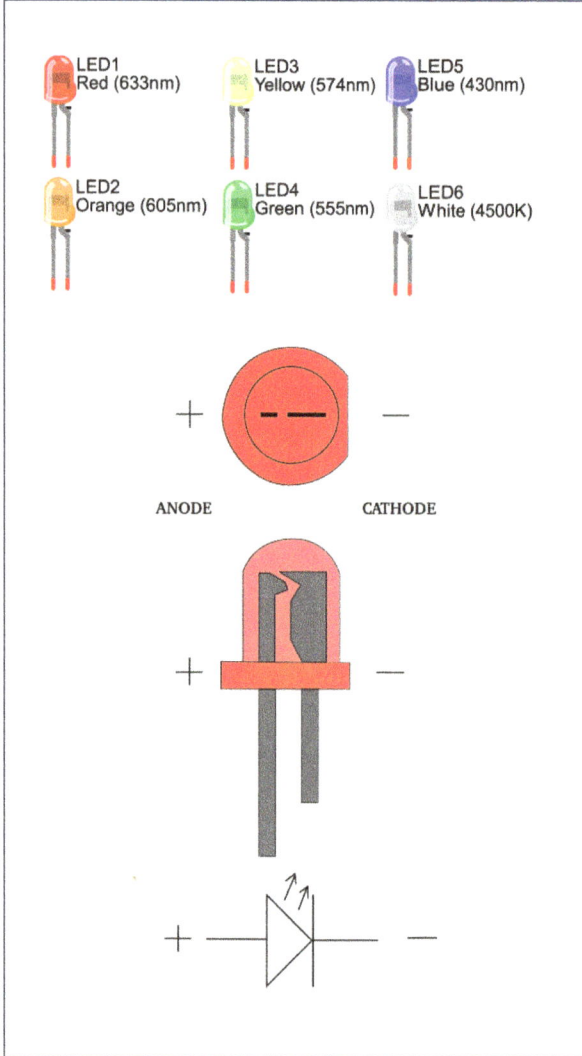

LED1 Red (633nm)
LED3 Yellow (574nm)
LED5 Blue (430nm)
LED2 Orange (605nm)
LED4 Green (555nm)
LED6 White (4500K)

ANODE   CATHODE

LED ("Light Emitting Diode", Işık Yayan Diyot), yarı-iletken, diyot temelli, ışık yayan bir elektronik devre elemanıdır.

Başlangıçta yalnızca zayıf kuvvetli kırmızı ışık verebiliyorlardı ama çağdaş ledler Görünür ışık, Morötesi, Kızılötesi gibi çeşitli dalga boylarında, yüksek parlaklıkta ışık verebiliyor.

Düşük enerji tüketimi, uzun ömrü, sağlamlığı, küçük boyutu ve hızlı açılıp kapanabilmesi gibi geleneksel ışık kaynaklarına göre bir dizi avantajı vardır.

* Ledler yarı iletken malzemelerdir.

* Ana maddeleri silikondur.

* Üzerinden akım geçtiğinde foton açığa çıkararak ışık verirler.

* Farklı açılarda ışık verecek şekilde üretilmektedirler.

Devre içerisinde kullanılırken her zaman doğru yönde bağlanması gerekmektedir. Anot ve katot yönü çok önemlidir.

RGB (Kırmızı, Yeşil, Mavi) tip ışıklı tek LED

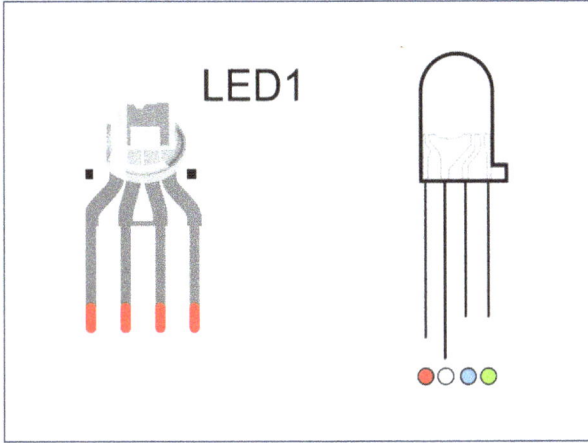

LED1

Ledlerde mavi ışığın kullanılabilmesi ile RGB (Kırmızı Yeşil Mavi) aydınlatma mümkün olmuş ve birçok sektörde uygulama alanı bulmuştur.

Devre içerisinde kullanılırken her zaman doğru yönde bağlanması gerekmektedir. Anot ve katot yönü çok önemlidir.

Potansiyometreler (Değiştirilebilen direnç)

Değişik türlerdeki potansiyometreler

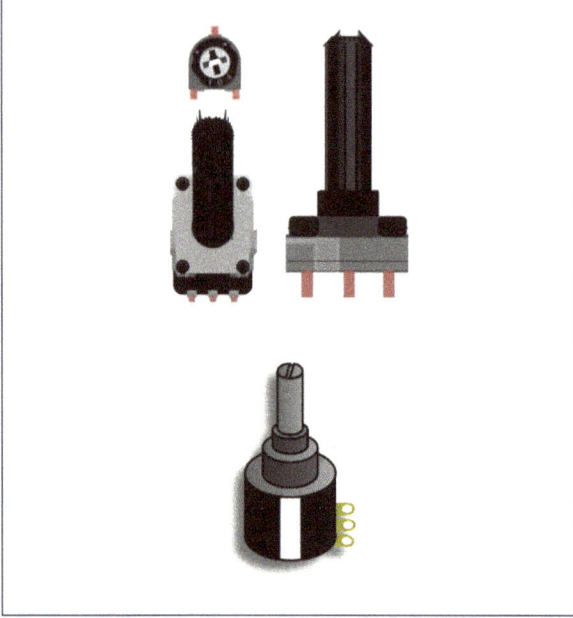

Potansiyometre, dışarıdan fiziksel müdahaleler ile değeri değiştirilebilen dirençlerdir.

Potansiyometrelerin daha çok karbon veya karbon içerikli direnç elemanlarından yapılmaktadırlar.

Potansiyometreler devrelerde akımı sınırlamak ya da gerilimi bölmek amacıyla kullanılırlar.

Foto direnç (LDR)

Foto direnç (LDR) yukarıdan görünümü

Foto dirençler, üzerlerine düşen ışık şiddetiyle ters orantılı olarak dirençleri değişen elemanlardır. Foto direnç, üzerine düşen ışık arttıkça direnç değeri lineer olmayan bir şekilde azalır. LDR'nin aydınlıkta direnci minimum, karanlıkta maksimumdur. Hem AC devrede, hem DC devrede aynı özellik gösterir.

Sıcaklık Sensörleri

Çeşitli sıcaklık sensörleri

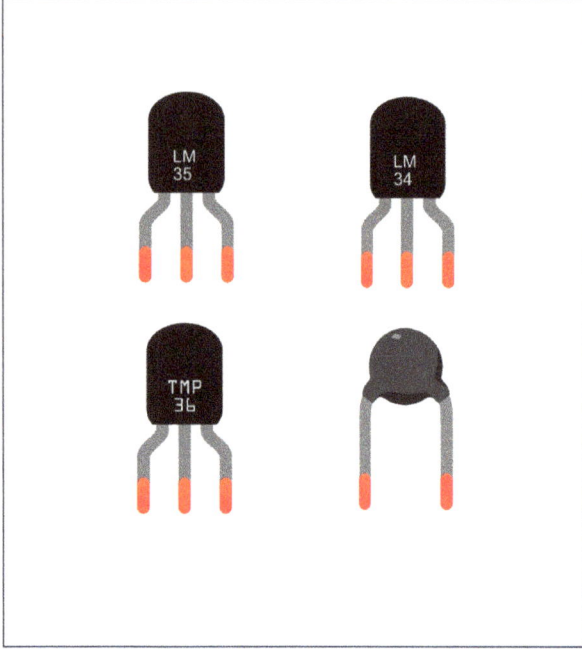

Termistör veya ısıl direnç, sıcaklık ile iletkenliği (direnci) değişen bir tür dirençtir. Sıcaklık ile direnci değişen maddelere, term (ısıl), rezistör (direnç) kelimelerinin birleşimi olan termistör denir. Termistörler, sıcaklık sensörleri, kendiliğinden sıfırlamalı aşırı akım koruyucuları ve kendiliğinden ayarlamalı ısıtma elementlerinde kullanılır.

Devre içerisinde kullanılırken her zaman doğru yönde bağlanması gerekmektedir.

Transistörler

PNP ve NPN tipi iki transistör

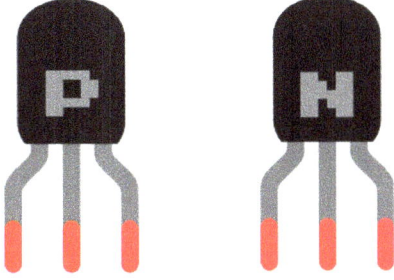

1: Collector (C)

2: Base (B)

3: Emitter (E)

Transistör yan yana birleştirilmiş iki PN diyotundan oluşan, girişine uygulanan sinyali yükselterek akım ve gerilim kazancı sağlayan, gerektiğinde anahtarlama elemanı olarak kullanılan yarı iletken bir devre elemanıdır. Transistör kelimesi transfer ve rezistans kelimelerinin birleşiminden doğmuştur.

Geçirgeç veya transistör girişine uygulanan sinyali yükselterek gerilim ve akım kazancı sağlayan, gerektiğinde anahtarlama elemanı olarak kullanılan yarı iletken bir elektronik devre elemanıdır. BJT (Bipolar Junction Transistör) çift birleşim yüzeyli transistördür. İki N maddesi, bir P maddesi (NPN) ya da iki P maddesi, bir N maddesi (PNP) birleşiminden oluşur. Transistör üç kutuplu bir devre elemanıdır. **BC547 transistörlerde devre sembolü üzerinde orta kutup Base (B), 1 numaralı kutup Collector (C), 3 numaralı kutup Emitter (E), olarak adlandırılır.** Base akımının şiddetine göre kollektör ve emiter akımları ayarlanır. Bu ayar oranı kazanç faktörüne göre değişir.

Transistörler elektronik cihazların temel yapı taşlarındandır. Günlük hayatta kullanılan elektronik cihazlarda birkaç taneden birkaç milyara varan sayıda transistör bulunabilir.

Devre içerisinde kullanılırken her zaman doğru yönde bağlanması gerekmektedir.

Entegre Devreler

Çeşitli türlerdeki entegre devreler

UM66 Entegre Devresi:

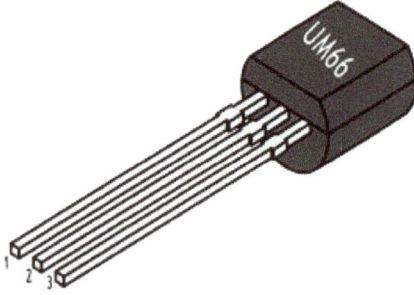

1: Eksi (-) kutup

2: Pozitif (+) kutup

3: Çıkış

İngilizce integrated circuit (birleşik devre), monolithic integrated circuit, ya da IC olarak, Türkçe tümdevre, yonga, kırmık, çip, mikroçip, tümleşik devre ya da entegre devre olarak adlandırılan genellikle silikondan yapılmış yarı iletken maddeler ile tasarlanmış metal bir levha üzerine yerleştirilen elektronik devreler grubudur. Mikroçipler, her elektronik devre elemanı bağımsız olan ayrık devrelerden daha küçük boyutludur. Entegre devreler içinde bir tırnak ucu kadar alanda milyarlarca transistör ve elektronik devre elemanı içerecek kadar küçültülebilir. Bir devre içerisindeki her bir iletken sıranın genişliği teknolojinin elverdiği ölçüde (2008 de bu ölçü 100 nanometre idi.) küçültülebilir. Entegre devreler Küçük boyutu, hafifliği ve kullanım kolaylığı ile tümdevreler, günümüzün modern elektronik sektöründe çok önemli bir yer tutmaktadır. Bilgisayarlardan oyuncaklara kadar geniş bir kullanım alanına sahiptir.

Devre içerisinde kullanılırken her zaman doğru yönde bağlanması gerekmektedir.

Kristaller

Bazı kristal çeşitleri

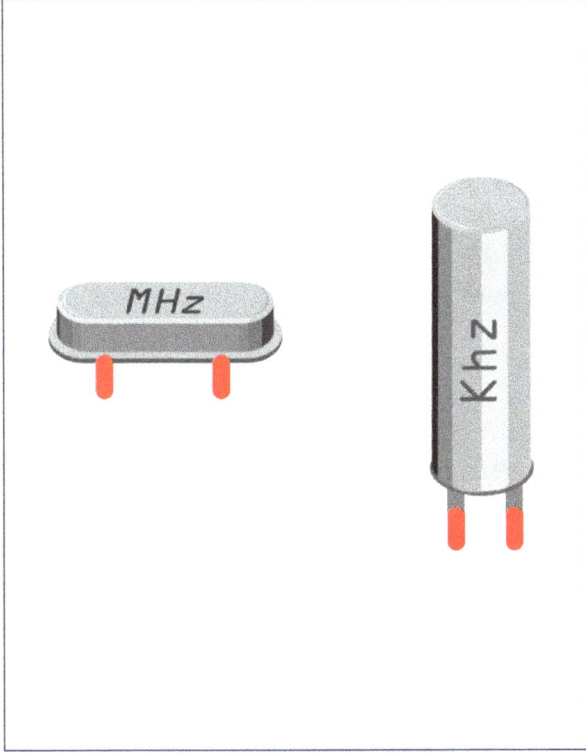

Kristal osilatör, piezoelektrik etkiyi kullanarak salınım yapan osilatör çeşididir.

Roşel tuzu ve turmalin gibi kristallere kuartz kristali denir. Kuartz kristalinden çeşitli eksenlerde kesilmiş bir plakadan titreşim kristali yapılır. Bu plakanın iki yüzeyine konan iki bağlantı noktasına alternatif gerilim uygulandığında kristal mekanik olarak titreşmeye başlar veya bu plaka basınç altında bırakıldığında, sinüssel alternatif gerilim ortaya çıkar. Bu piezoelektrik olayıdır. Eğer alternatif gerilimin frekansı ve kuartzın mekanik öz frekansı aynı ise piezoelektrik etki en yüksek değerdedir.

Hoparlörler

Hoparlör ve Piezo hoparlör (Buzzer)

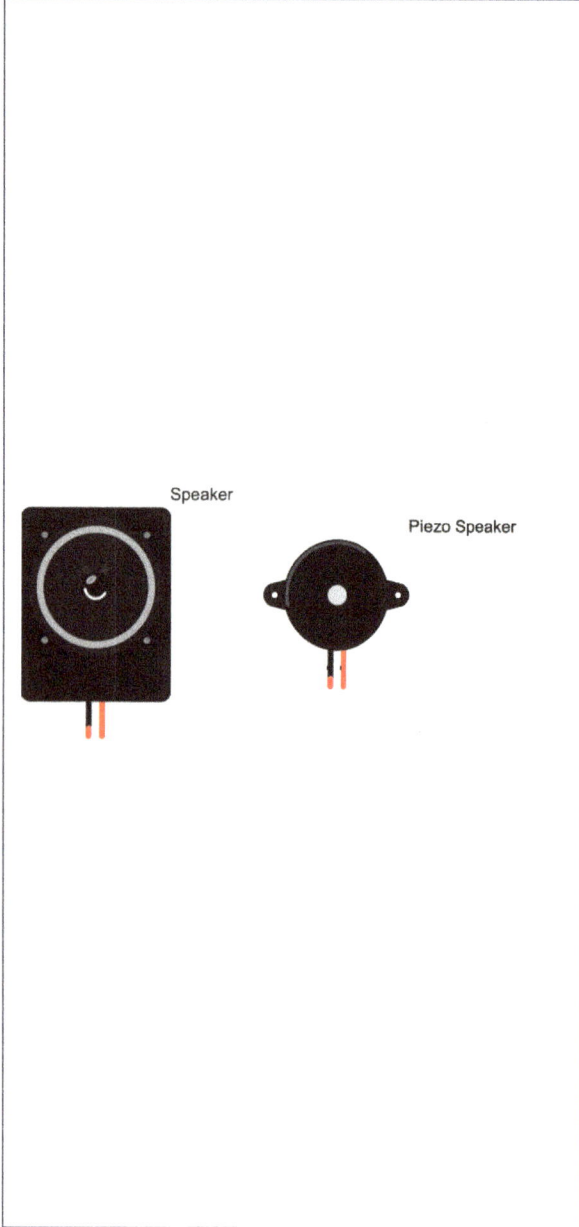

Speaker

Piezo Speaker

Hoparlör, elektrik akımı değişimlerini ses titreşimlerine çeviren alettir.

1920 yıllarında elektrikli ses dalgalarının kaydedilip yayınlanmasına imkân sağlayan buluşlar ortaya çıktı. Bu buluşların neticesinde ilk hoparlör 1924-1925 yıllarında yapılmıştır. Chester W. Rice ve Edward W. Kellogg tarafından yapılan çalışmalar hoparlörü geliştirdi. Bu iki bilim adamının ortaya çıkardığı sistem, günümüzde önemli değişikliğe uğramamıştır.

Çalışma şekillerine göre elektrodinamik, magnetostatik, elektrostatik ve elektromanyetik hoparlör olmak üzere dört tip hoparlör vardır. Hareketli bobinli hoparlörler, daire veya elips biçiminde bir diyaframdan meydana gelir. Diyafram ortası ve kenarları boyunca dizilen yaylarla metal bir çerçeveye asılıdır. Diyaframın ortasında sıkıca tutturulmuş silindir şeklinde bir çekirdek ve üstüne sarılı bir ses bobini bulunur. Bobin ve çekirdek bir mıknatısın kutupları arasına yerleştirilmiştir. Önceleri, bir yükselticiden alınan doğru akımla çalışan elektromıknatıslar kullanılıyordu, günümüzde yumuşak demirden kalıcı mıknatıslar veya seramik maddeler kullanılmaktadır.

Mikrofon

Küçük bir mikrofon

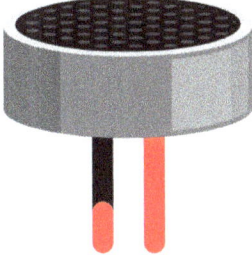

Mikrofon, ses dalgalarını elektriksel titreşimlere çeviren, elektro-akustik bir cihazdır. Mikrofon ses dalgalarına göre sinyal gerilimi verdiğinden hoparlörü tamamlayan bir unsurdur. Bir ses dalgasındaki titreşimlerin elektriksel benzeri olan sinyali üretmeye yarayan birçok fiziksel prensip vardır. Bunlar, bağlantı direncinin değişimi, piezo elektrik, elektromanyetik ve manyetostriksiyon (mıknatıslandığı zaman bir cismin boyunda meydana gelen değişiklik) prensiplerini içine alır. Bütün bu prensipler ve diğerleri yıllarca denenmiş, ancak sonunda piezo-elektrik, elektromanyetik, elektrostatik ve kapasitif prensipleri uygulamaya konmuştur.

Bütün mikrofonlar ses dalgalarına tepki gösteren çeşitli şekillerde yapılmış diyafram ya da benzeri bir elemana sahiptir. Mikrofona gelen ses dalgaları diyaframa çarpar ve ses basıncındaki değişikliklere göre diyafram içe veya dışa doğru hareket ederek mekanik titreşim yapar. Bu titreşimler sonucunda mikrofonun çıkış uçlarında bir gerilim meydana gelir. Çıkış uçlarında meydana gelen gerilim, hareket eden parçanın ya hızı ya da titreşimlerinin genliği ile orantılıdır.

Butonlar

Küçük buton çeşitleri

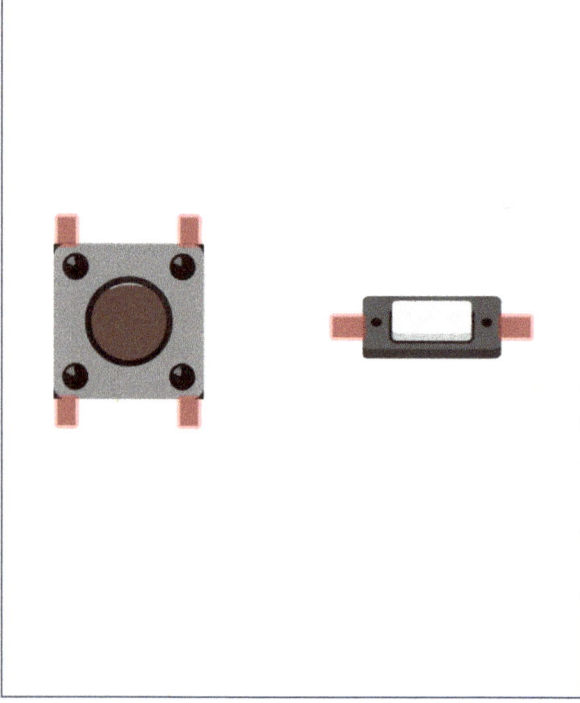

Buton, iterek üzerine basıldığında, makine veya yazılımlardaki bir sürecin başlamasını ve kontrolünü sağlayan basit bir geçiş mekanizmasıdır. Butonlar tipik olarak genellikle sert plastik veya metal malzemeden imal edilir. Yüzeyi insan eline uygun şekilde dizayn edilmiş olup, genellikle basılacak bölümü düz bir yapıya sahiptir. Butonların pek çok çeşidi olsa dahi (doğal olarak) itme ve uygulanan bu kuvvet karşısında tepki veren yay sisteminden oluşur. Butona uygulanan her kuvvet önceden belirlenmiş bir sürecin çalışmasını sağlar.

Anahtarlar

Geçişli (kaydırmalı) anahtar

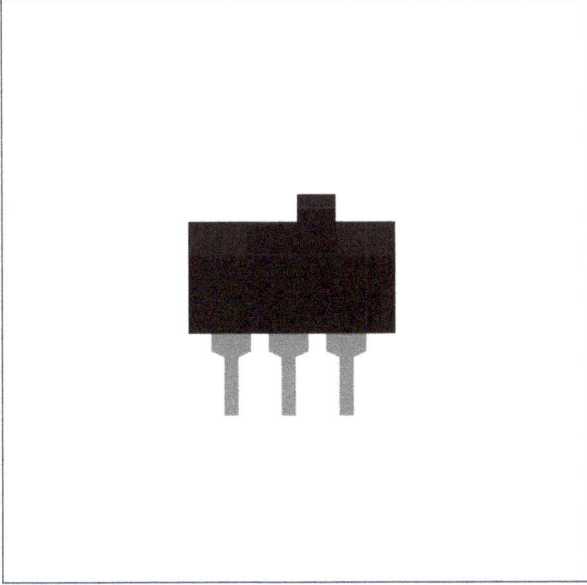

Anahtar ya da şalter, elektrik devrelerindeki akımı kesmeye ya da akımın bir iletkenden başka bir iletkene yön değiştirmesini sağlayan devre elemanıdır. En basit formunda bir anahtarın 2 adet kontağı (elektrik bağlantısı) vardır. Anahtarın "açık" konumunda bu iki kontak arasında akım geçişi yokken devre "kapalı devre", anahtarın "kapalı" konumunda akım geçişi varken de devre "açık devredir".

Reed anahtar (Manyetik duyarlı)

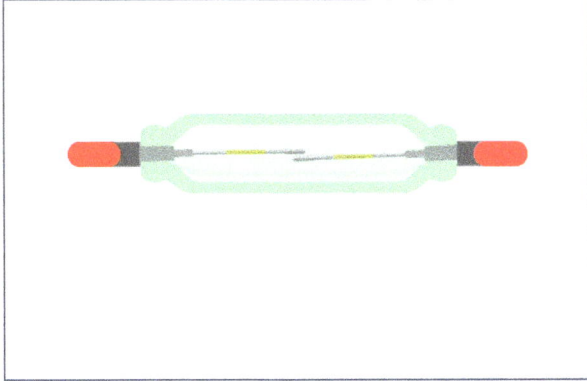

Reed anahtar manyetik alana maruz kalınca elektrik devrelerindeki akımı kesmeye ya da akımın bir iletkenden başka bir iletkene yön değiştirmesini sağlayan devre elemanıdır

Sigorta

Sigorta ve sigorta yuvası

Fuse1
Htc-15m

Bir elektrik sigortası, alternatif ve doğru akım devrelerinde kullanılan cihazları ve bu cihazlara mahsus iletkenleri, aşırı akımlardan koruyarak devreleri ve cihazı hasardan kurtaran açma elemanlarına denir. Sigortalar evlerde, elektrik santrallerinde, endüstri tesislerinde, kumanda panolarında, elektrikle çalışan bütün aletlerde kullanılır.

Anten

Bir anten çeşidi

Anten, elektronikte, boşlukta yayılan elektromanyetik dalgaları toplayarak bu dalgaların iletim hatları içerisinde yayılmasını sağlayan (alıcı anten) veya iletim hatlarından gelen sinyalleri boşluğa dalga olarak yayan (verici anten) cihazlardır.

Antenler dalga boylarına göre boyutlanıp şekillenir ve genellikle dalga boylarına göre adlandırılırlar. GSM,wireless/kablosuz,radyo ve TV yayınları, kablosuz anons sistemleri, telsizler, radarlar, bluetooth cihazları gibi uzun ya da kısa mesafe erişimli tüm sistemler birer anten sistemine sahiptir.

Fiziki olarak anten, bir ya da birkaç kondüktörden oluşan düzenektir. Üzerine uygulanan enerjiyi manyetik alan enerjisi olarak ortama yayan anten aynı zamanda bunun tam tersi biçimde de çalışır.

Motor

Doğru akım (DC) motor

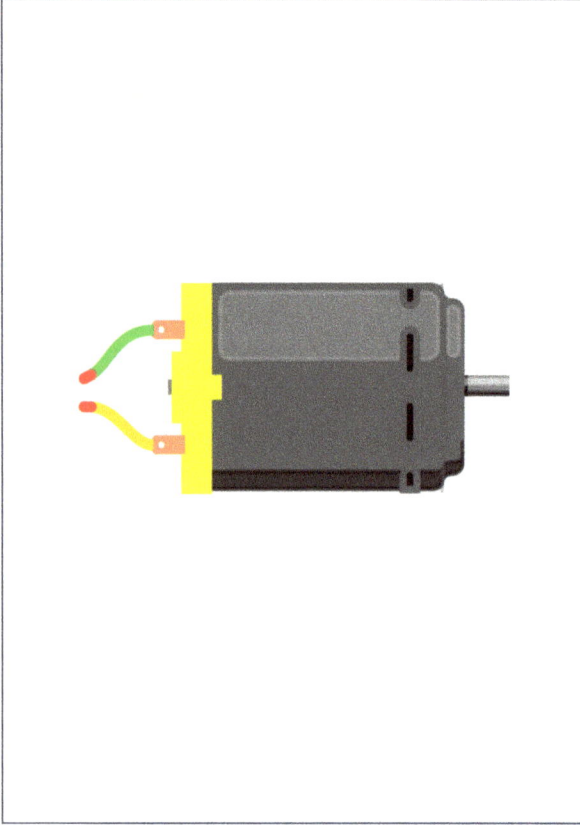

Elektrik motoru, elektrik enerjisini mekanik enerjiye dönüştüren aygıttır. Her elektrik motoru biri sabit (Stator) ve diğeri kendi çevresinde dönen (Rotor ya da Endüvi) iki ana parçadan oluşur. Bu ana parçalar, elektrik akımını ileten parçalar (örneğin: sargılar), manyetik akıyı ileten parçalar ve konstrüksiyon parçaları (örneğin: vidalar, yataklar) olmak üzere tekrar kısımlara ayrılır.

Bir DC motor, doğru elektrik akımı ile çalışmak üzere tasarlanmıştır. Saf DC tasarımlara iki örnek Michael Faraday'ın tek kutuplu motor (nadiren kullanılır) ve bilyeli yatak motor (orijinalden çok uzaktır). En yaygın türleri fırçalı ve fırçasız tiplerdir.

Güç kaynağı (Piller ve Pil Tutucuları)

3 Volt, 6 Volt, 4.8 Volt ve 9 Volt pilli güç kaynakları

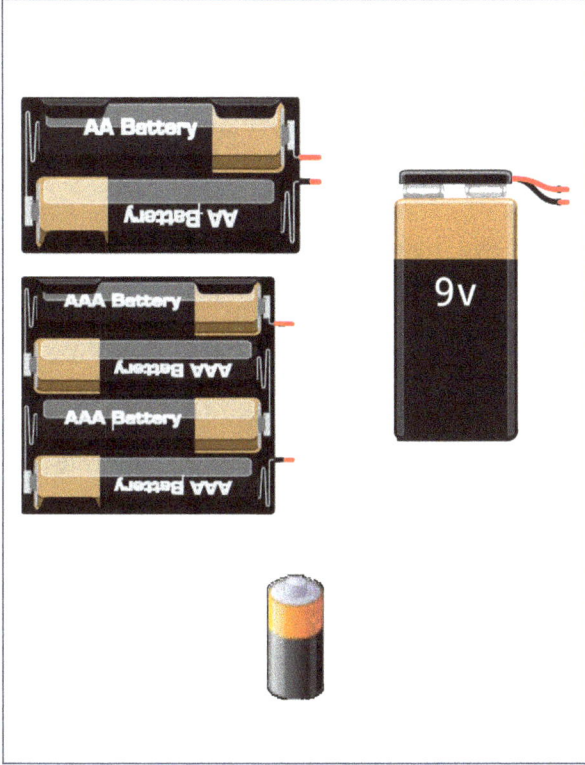

Pil, kimyasal enerjinin depolanabilmesi ve elektriksel bir forma dönüştürülebilmesi için kullanılan bir aygıttır. Piller, bir veya daha fazla elektrokimyasal hücre, yakıt hücreleri veya akış hücreleri gibi, elektrokimyasal aygıtlardan oluşur.

Güç kaynağı, bir sistem ya da düzeneğin gereksinimi olan enerjiyi sağlamak için kullanılan birimlerin genel adı. Cep telefonu ya da el feneri pili, bir pili doldurmak için kullanılan adaptör, bir bilgisayarın gereksinimi olan gücü üreten donanım birer güç kaynağıdırlar.

Devre içerisinde kullanılırken her zaman doğru yönde bağlanması gerekmektedir. Anot ve katot yönü çok önemlidir.

Devre Tahtası (Breadboard)

Tam boy devre tahtası

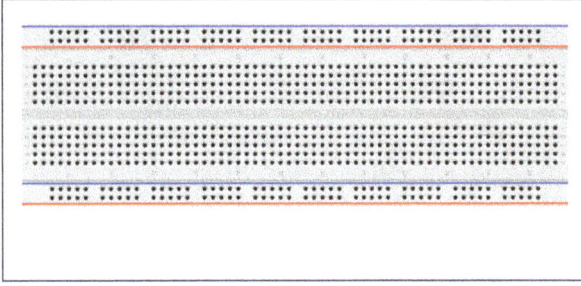

Yarım boy devre tahtası

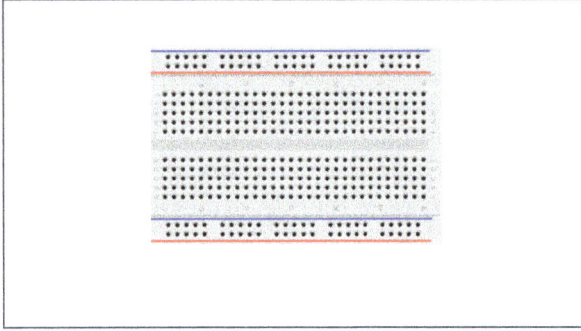

Devre tahtalarının içsel bağlantı yapısı (Yanlar paralel olarak, ortalar ise dikey birbirine bağlı)

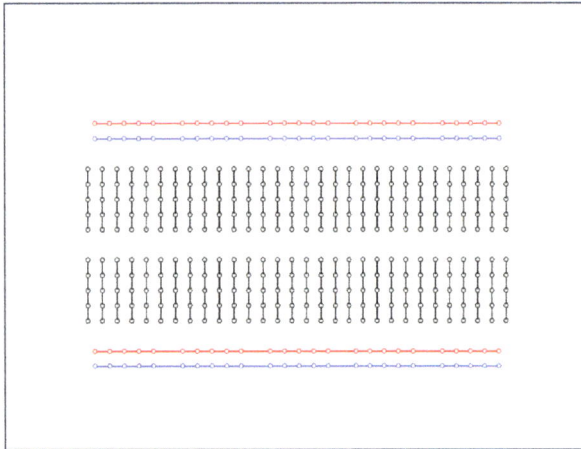

Yan tarafta da görüleceği üzere çeşitli türlerde deney platformları bulunmaktadır. Bu sayfada sadece iki türü yer almaktadır.

Kırmızı çizgi pozitif (+) kutup, mavi çizgi ise negatif (-) kutuptur. Hem üstte hem de altta olmak üzere ikişerli olarak yer almaktadır. Devre tahtası ile projelerimizi lehim yapmadan kolayca kurabiliriz. Genel olarak içerisinde birbirine bağlı hatları barındıran devre tahtası üzerine elektronik bileşenleri yerleştirerek projelerimizi çalışır hale getirebiliriz. Devre tahtası üzerinde birbirine bağlantılı paralel hatlar bulundurur.

Örneğin soldaki resimde görülen tipik bir örnektir. Sol ve sağ yanlarda dikey olarak uzanan kırmızı ve mavi hatlar genellikle gerilim bağlantıları için kullanılır. Kırmızı hatta +, mavi hatta ise toprak hattını bağlayıp daha sonra devrenizin diğer bölümlerinde bu hatlar üzerinden gerilimlere ulaşabilirsiniz.

Orta bölümde bulunan 5'li delik gruplarının her biri kendi içerisinde bağlantılıdır. Yani kırmızı çizgi boyunca uzanan her bir delik kısa devre durumundadır. Dolayısıyla aynı sıradaki deliklere oturttuğunuz komponentler birbirine bağlanmış olur.

Deliklerin her biri A,B,C,D,E,F harfleriyle belirtilmiştir. Ayrıca sol taraftaki numaralar da delik gruplarını ifade etmektedir.

Bölüm II

Şimdi de renk kodlarını, direnç ve kondansatörlerin değerlerini okumayı öğrenelim!

Direnç Renk Kodları

Direnç renk kodları, direncin değerini anlayabilmek amacıyla; üzerlerine çizilen renkli çizgilere verilen isimdir. Bu kodlar sayesinde, direncin ohm değeri öğrenilir.

Dirençler, devrelerdeki akımı azaltmak için kullanılır. Direncin birimi ohm (Ω)'dur. Devrelerdeki direnç değerleri birkaç ohm'dan milyonlarca ohm'a kadar değişebilir. Bir direncin değerini üzerindeki şeritlerden anlayabilirsiniz. Bunun için aşağıdaki renk kodunu kullanmanız gerekir. Dirençler 1000 (bin) büyür 1000 (bin) küçülür.

Direnç Renk Kodlarının Okunması

İlk iki şerit size direnç değerinin ilk iki rakamını verir. Üçüncü şerit, bu rakamlara kaç tane sıfır ekleyeceğinizi gösterir. Dördüncü şerit ise toleransı ifade eden renktir.

Renk	1. band	2. band	3. band (çarpan)	4. band	Geçici Katsayı
Siyah	0	0	$\times 10^0$		
Kahverengi	1	1	$\times 10^1$	$\pm 1\%$ (F)	100 ppm
Kırmızı	2	2	$\times 10^2$	$\pm 2\%$ (G)	50 ppm
Turuncu	3	3	$\times 10^3$		15 ppm
Sarı	4	4	$\times 10^4$		25 ppm
Yeşil	5	5	$\times 10^5$	$\pm 0.5\%$ (D)	
Mavi	6	6	$\times 10^6$	$\pm 0.25\%$ (C)	
Mor	7	7	$\times 10^7$	$\pm 0.1\%$ (B)	
Gri	8	8	$\times 10^8$	$\pm 0.05\%$ (A)	
Beyaz	9	9	$\times 10^9$		
Altın			$\times 10^{-1}$	$\pm 5\%$ (J)	
Gümüş			$\times 10^{-2}$	$\pm 10\%$ (K)	
Yok				$\pm 20\%$ (M)	

Yukarıdaki tablonun kolay ezberlenmesi açısından bir heceleme geliştirilmiştir.

SoKaKTa SaYaMaM Gi i
Ama Görürüm..

Burada dikkat edeceğiniz gibi ilk iki kelimenin sessiz harfleri sırası ile renk kodlarını (Siyah, Kahverengi, Kırmızı, Turuncu, Sarı, Yeşil, Mavi Mor, Gri, Beyaz), son iki kelimenin baş harfleri ise Altın ve Gümüş'ü anımsatmak için kullanılmıştır. S K K T S Y M M G B – FORMÜL BU.

Örnek Dirençler ve Renk Kodları

Kahverengi (1) – Siyah (0) – Yeşil (x100000) – Altın $1\ M\Omega \pm 5\%$ (1 Mega Ohm)	
Kırmızı (2) – Kırmızı (2) – Turuncu (x1000) – Altın $22\ k\Omega \pm 5\%$ (22 Kilo Ohm)	
Sarı (4) – Mor (7) – Kahverengi (x10) – Altın $470\ \Omega \pm 5\%$ (470 Ohm)	
Mavi (6) – Gri (8) – Turuncu (x1000) – Altın $68\ k\Omega \pm 5\%$ (68 Kilo Ohm)	
Mavi (6) – Gri (8) – Siyah (x1) – Altın ($\pm 5\%$) $68\ \Omega \pm 5\%$ (68 Ohm)	

Kondansatörler ve Kondansatör Kapasite Değerleri

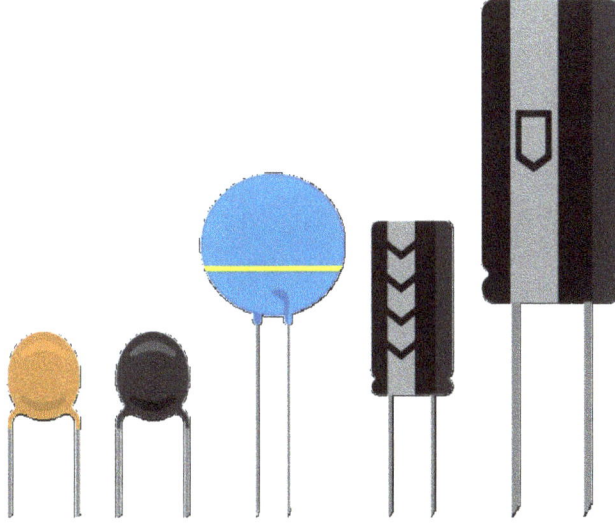

Resimde farklı boyut ve kapasitelerde kondansatör çeşitleri görülmektedir.

Kondansatör, elektronların kutuplanarak elektriksel yükü elektrik alanın içerisinde depolayabilme özelliklerinden faydalanılarak, bir yalıtkan malzemenin iki metal tabaka arasına yerleştirilmesiyle oluşturulan temel elektrik ve elektronik devre elemanı. Piyasada kapasite, kapasitör, sığaç gibi isimlerle anılan kondansatörler, 18. yüzyılda icat edilip geliştirilmeye başlanmış ve günümüzde teknolojinin ilerlemesinde büyük önemi olan elektrik–elektronik dallarının en vazgeçilmez unsurlarından biri olmuştur. Elektrik yükü depolama, reaktif güç kontrolü, bilgi kaybı engelleme, AC/DC arasında dönüşüm yapmada kullanılırlar ve tüm entegre elektronik devrelerin vazgeçilmez elemanıdırlar. Kondansatörlerin karakteristikleri olarak;

*   plakalar arasında kullanılan yalıtkanın cinsi,

*   çalışma ve dayanma gerilimleri,

*   depolayabildikleri yük miktarı

sayılabilir. Bu kriterler göz önünde bulundurulduktan sonra gereksinime uygun olan kondansatör tercih edilir. Kondansatörlerin fiziksel büyüklükleri, çalışma gerilimleri ve depolayabilecekleri yük miktarına bağlıdır. Tasarım açısından ise çeşitliliği çoktur, pek çok boyut ve şekilde kondansatör temin edilebilir.

Kondansatör Kapasite Değerinin Okunması

Şekilde, 470 mikrofarad kondansatör görülmektedir. Yan tarafında büyük eksi (-) işareti ile negatif kutbu da belirtilmiştir.

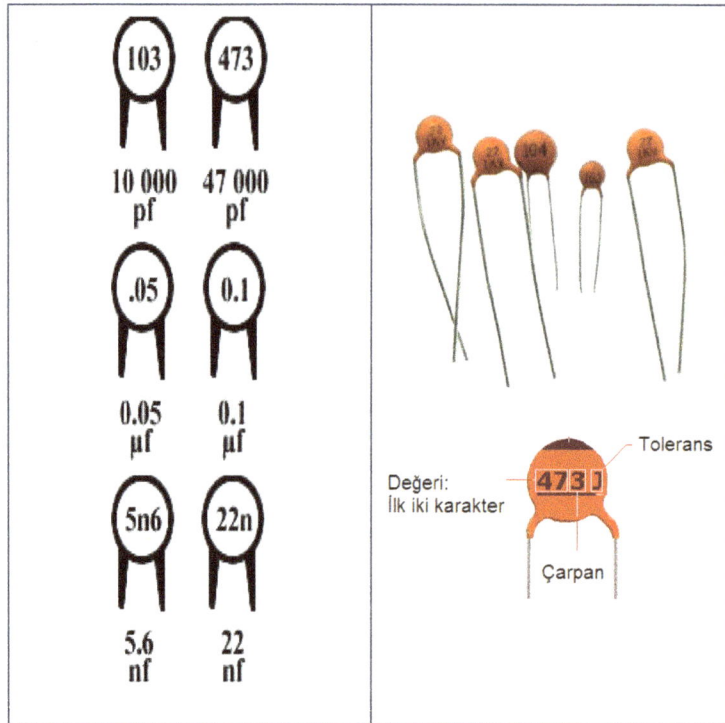

Kapasite, kondansatör üzerindeki rakam kodlarından hesaplanabilir.

Üstteki iki kondansatörün çalışma değerleri
Mavi: 400 Volt – 2.2 mikroFarad = ***2.2 µF***
Sarı: 222J = 2200 pikoFarad ± % 5 = ***2.09 nF < C < 2.31 nF***

Kondansatörlerde temel olarak iki değişken, tüketici için seçme olanağı sunar ve kondansatörler arasındaki farkları oluşturur. Bunlar, kondansatörün çalışma – dayanma gerilim değeri ve depolayabileceği yük miktarıdır ve bunlar her kondansatörün üzerinde belirtilmiş olmak zorundadır. Kimi kondansatörlerin üzerinde çalışma değerleri doğrudan yazılı iken kiminde rakamlar ve renkler kullanılır. Direkt değerleri yazılı olanlar kolay okunmasına karşın, rakam ve renk kodlu olanların okunması belli standartlara bağlıdır.

.

Şimdi, temel elektronik bileşenlerin;

- Tiplerini,
- Türlerini,
- Değerlerini,
- Kutuplarını,
- Yönlerini,

Doğru olarak okuyabiliyor ve ayırt edebiliyor musunuz? Ayrıntılara çok dikkat etmek gerekiyor. Henüz emin değilseniz, başa dönüp dikkatle tekrarlayalım.

Devre tahtasının iç bağlantı yapısını şimdi tekrar inceleyelim

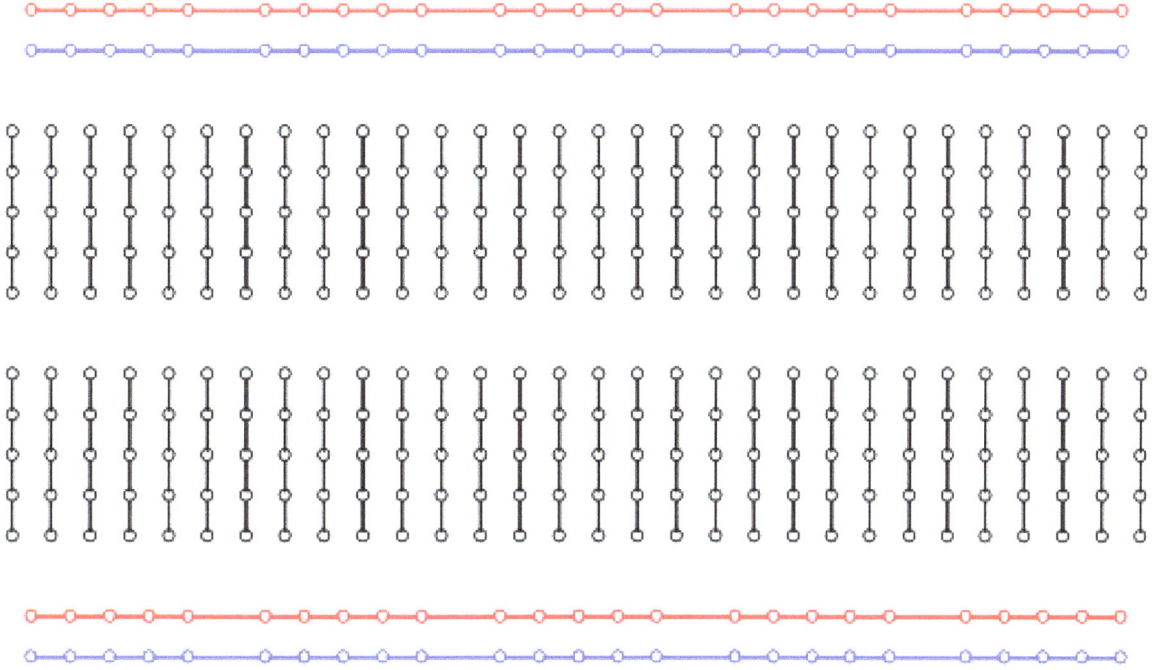

Kırmızı: Pozitif kutup (+)

Mavi: Negatif kutup (−)

Devre Tahtası Üzerindeki Bileşenlerin Doğru ve Yanlış Bağlantı Örnekleri

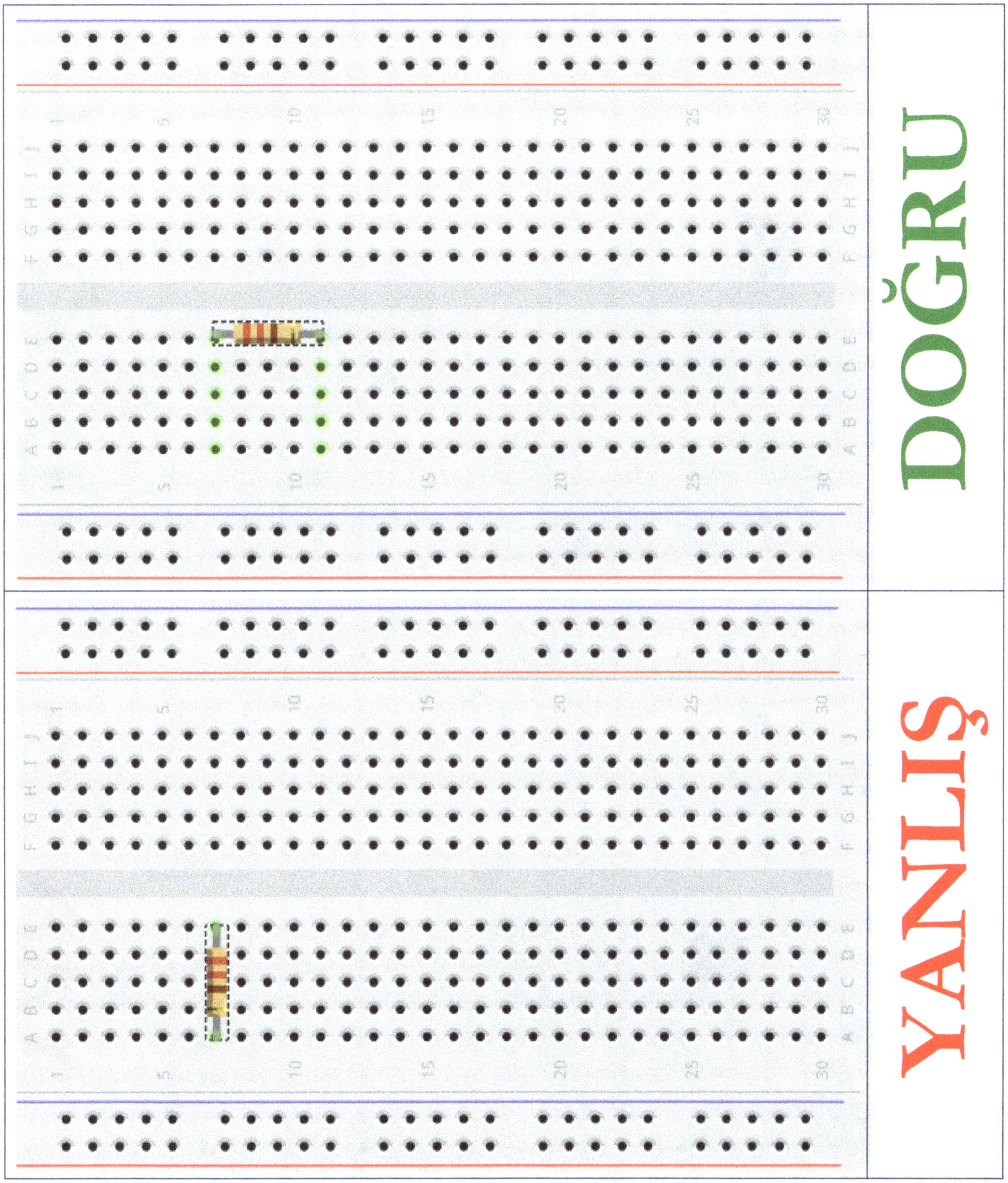
DOĞRU
YANLIŞ

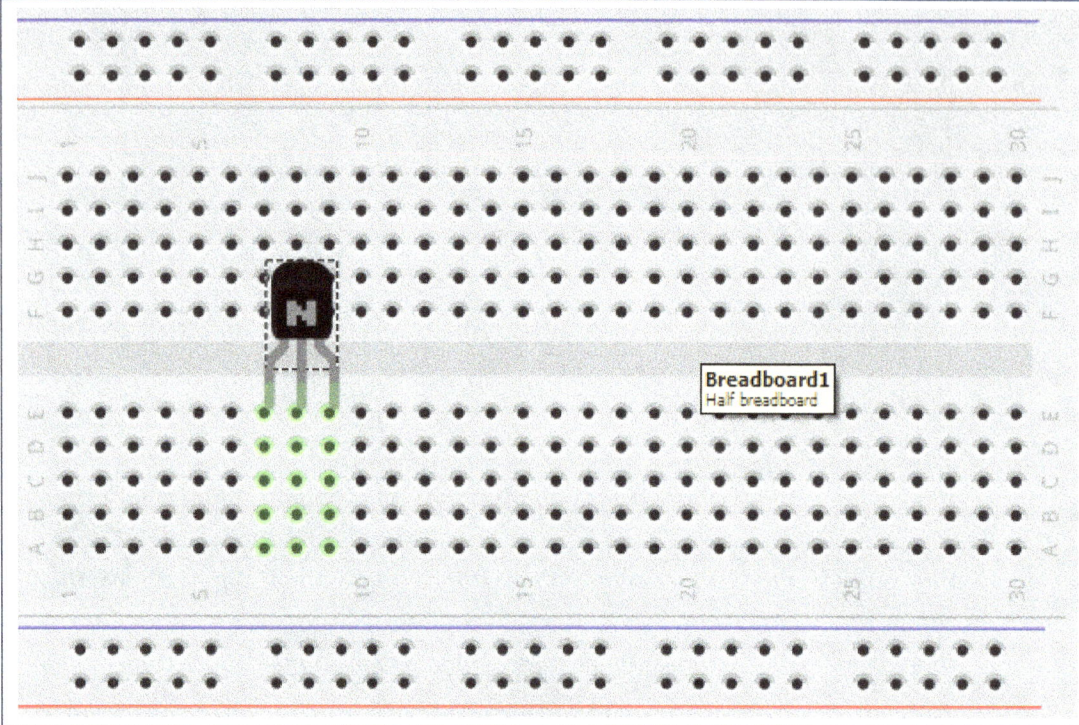

DOĞRU

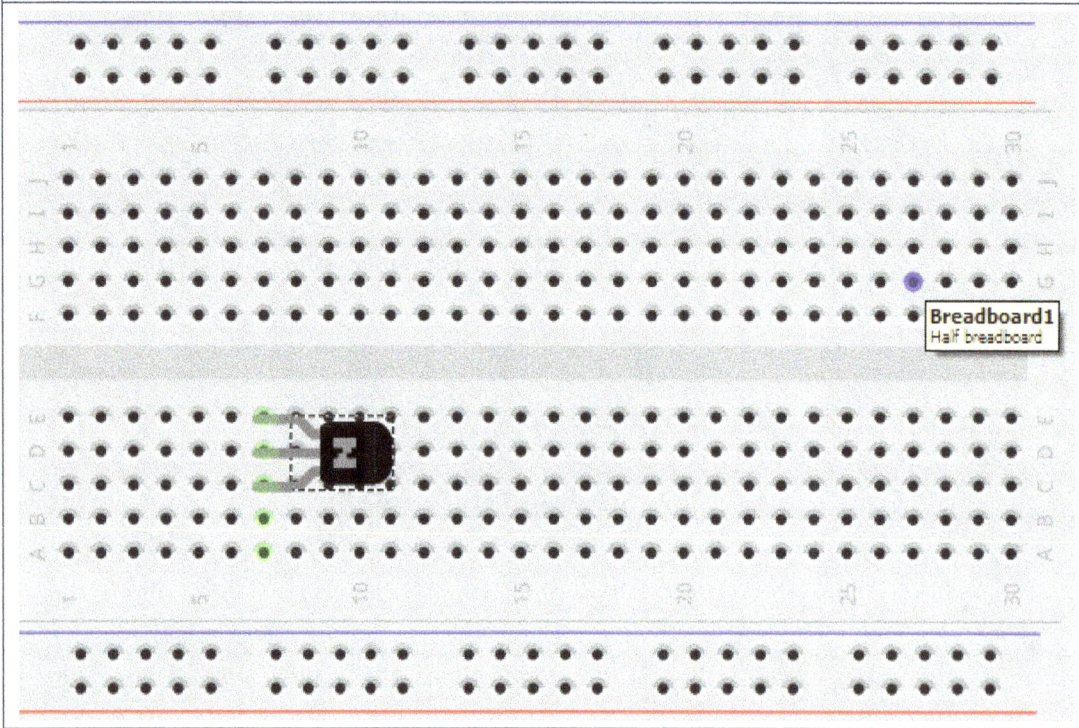

YANLIŞ

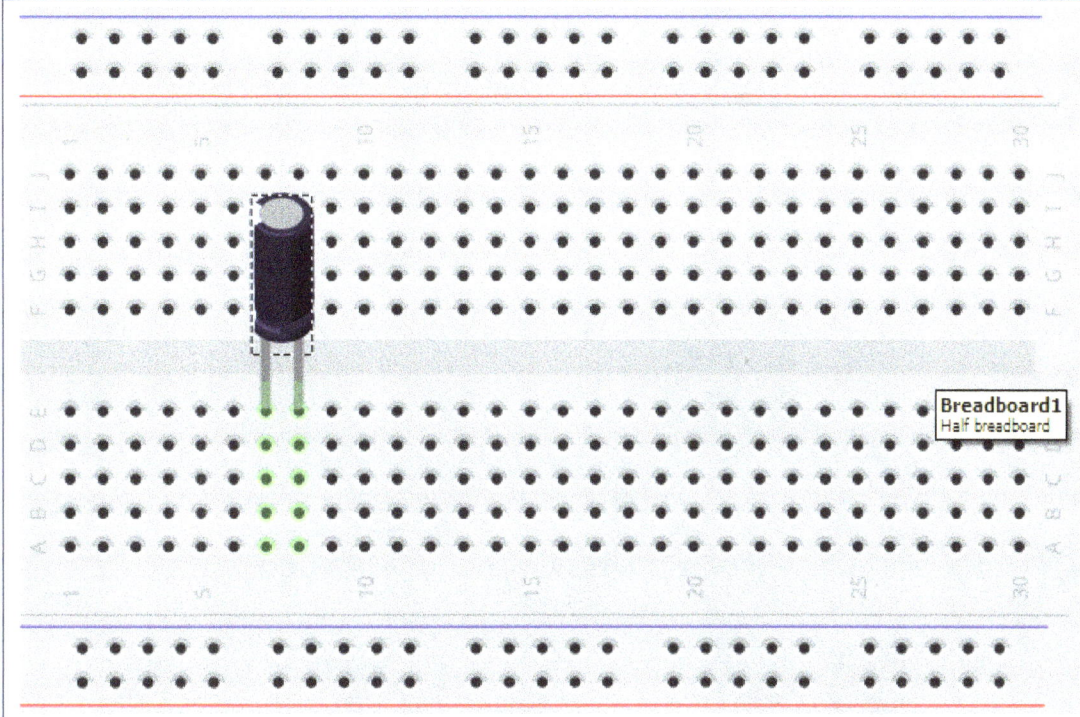

DOĞRU

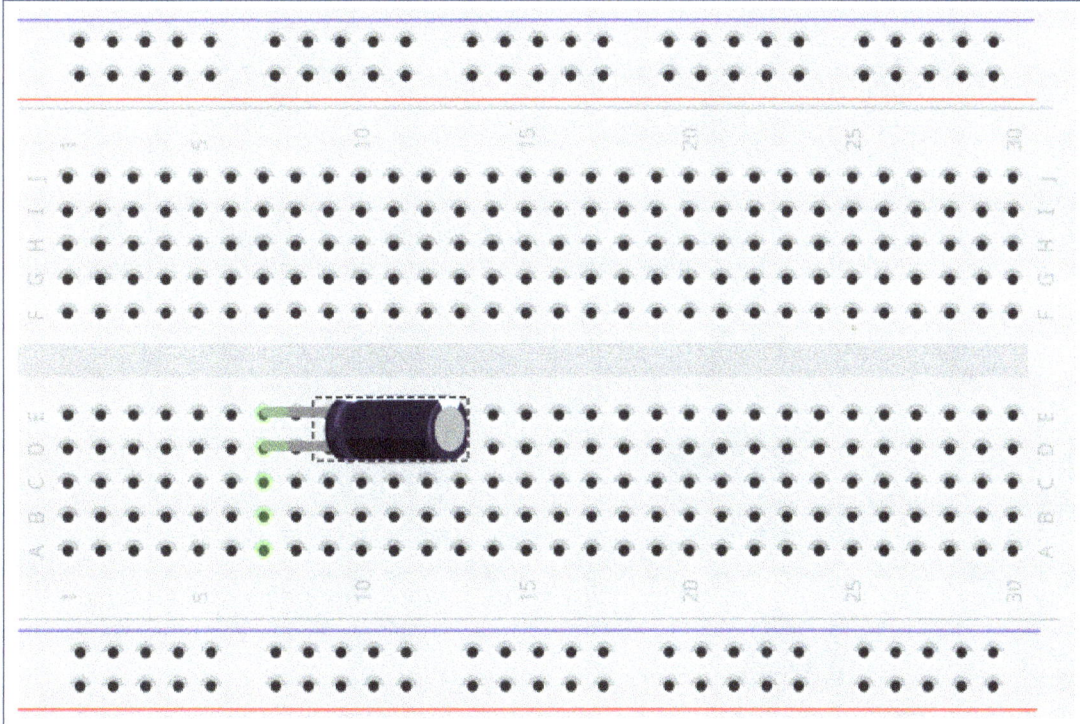

YANLIŞ

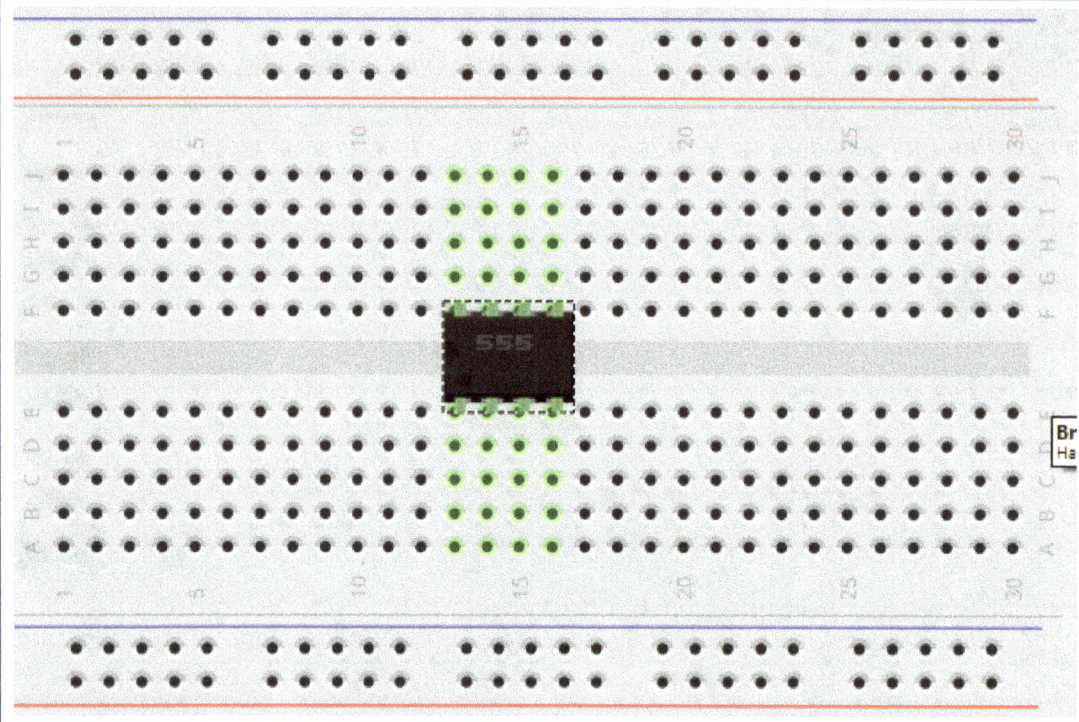

DOĞRU

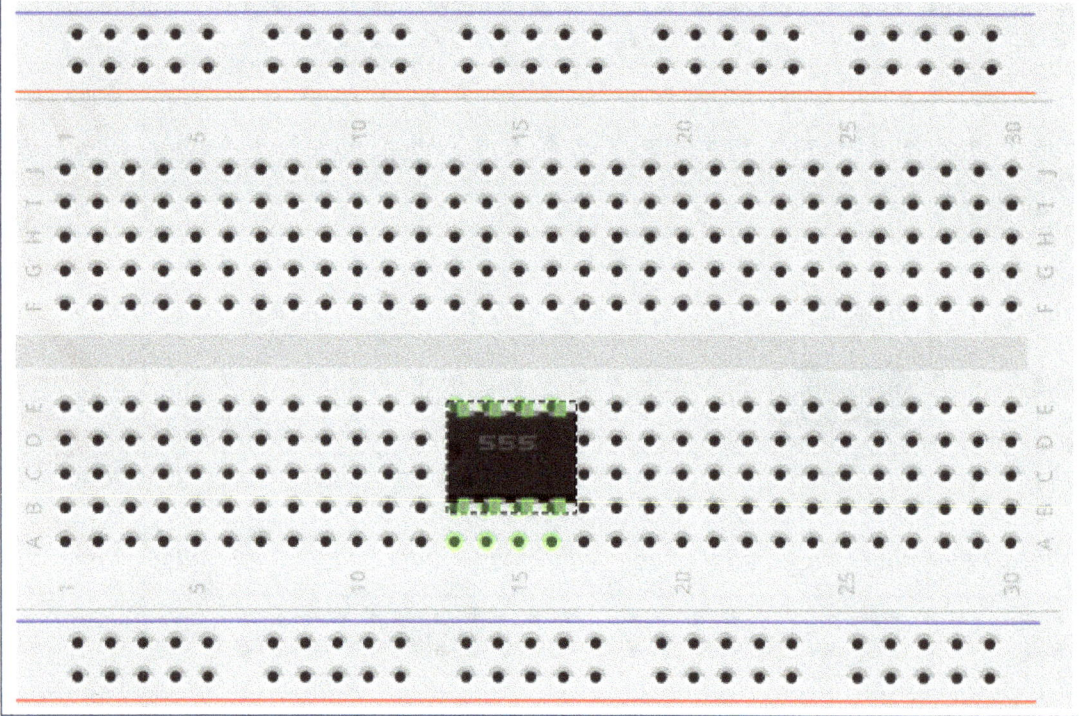

YANLIŞ

44

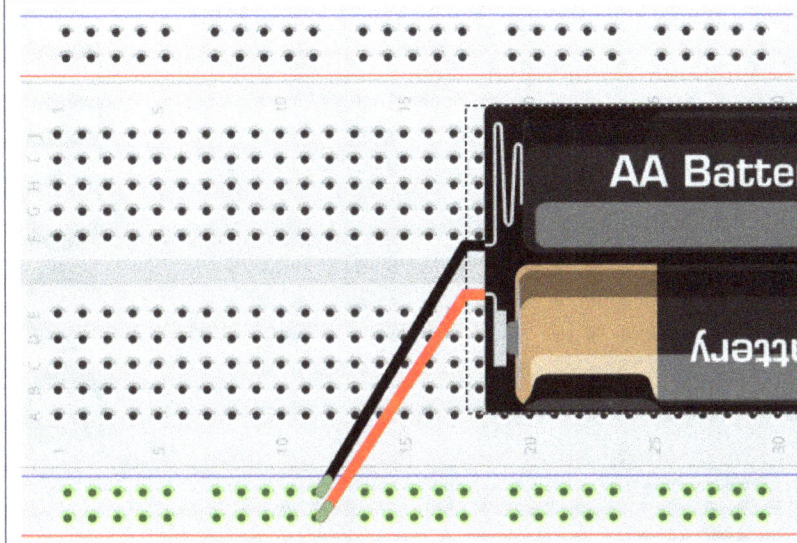

DOĞRU

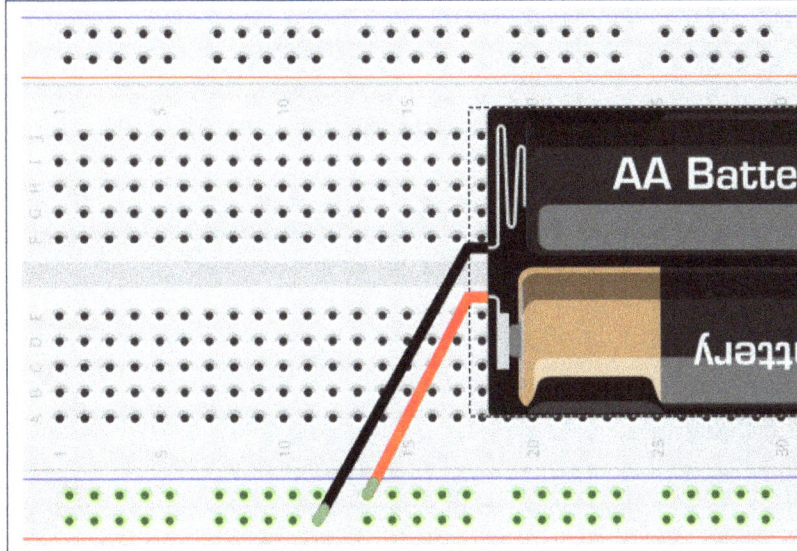

YANLIŞ

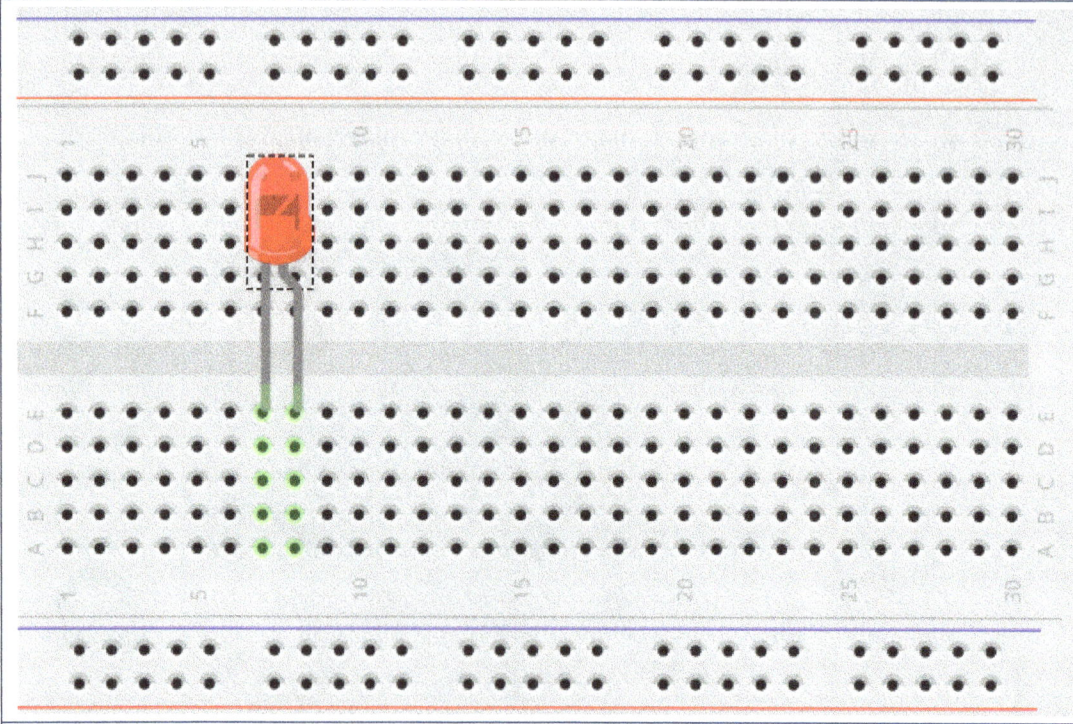

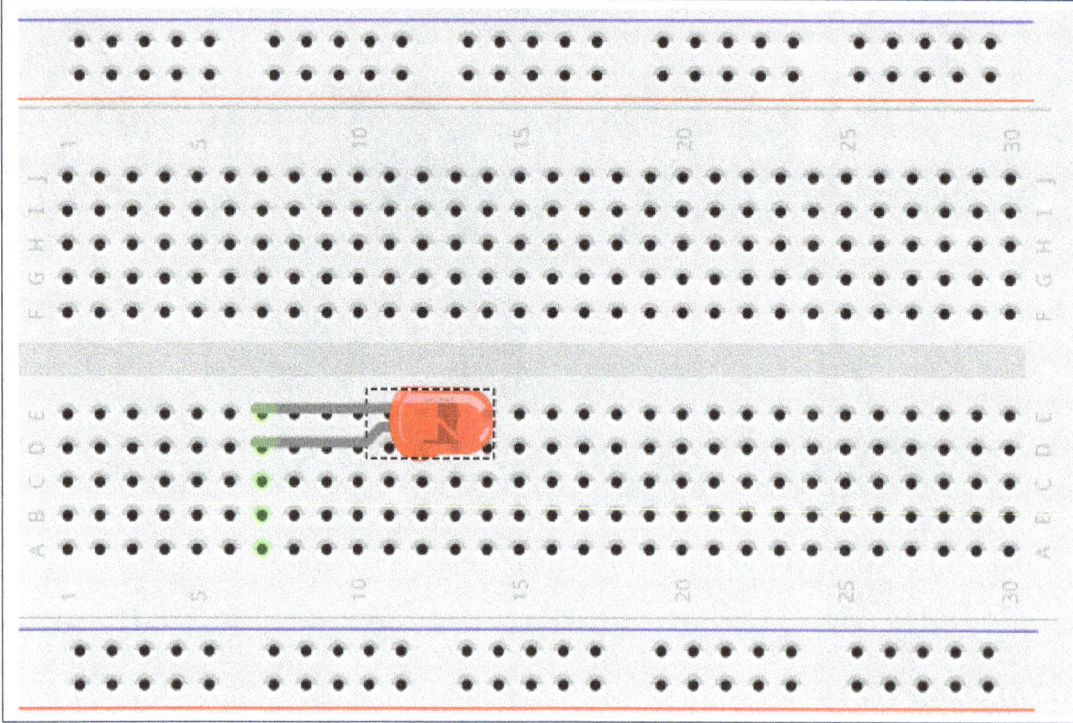

DOĞRU

YANLIŞ

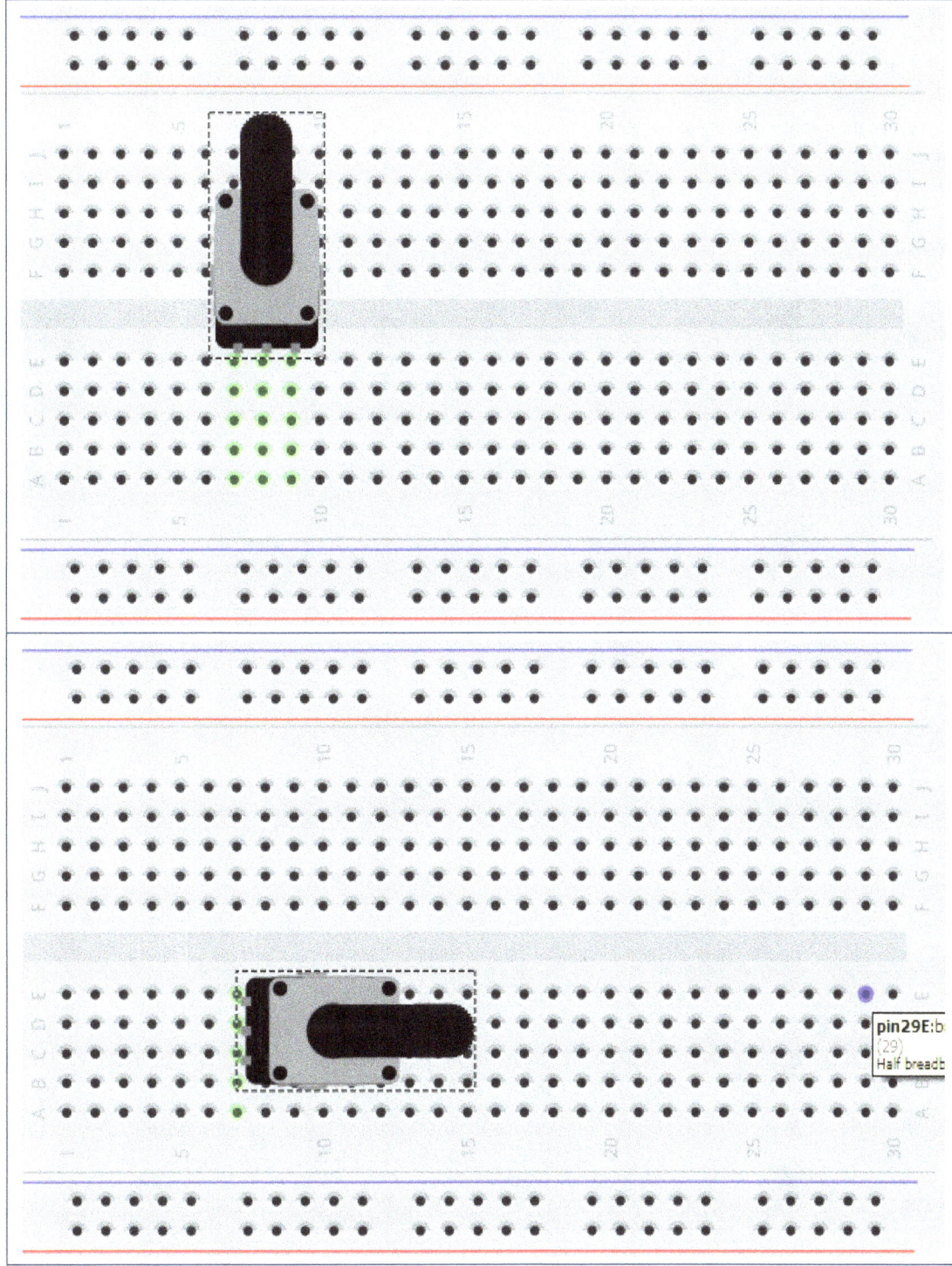

DOĞRU

pin29E:b
(29)
Half breadb

YANLIŞ

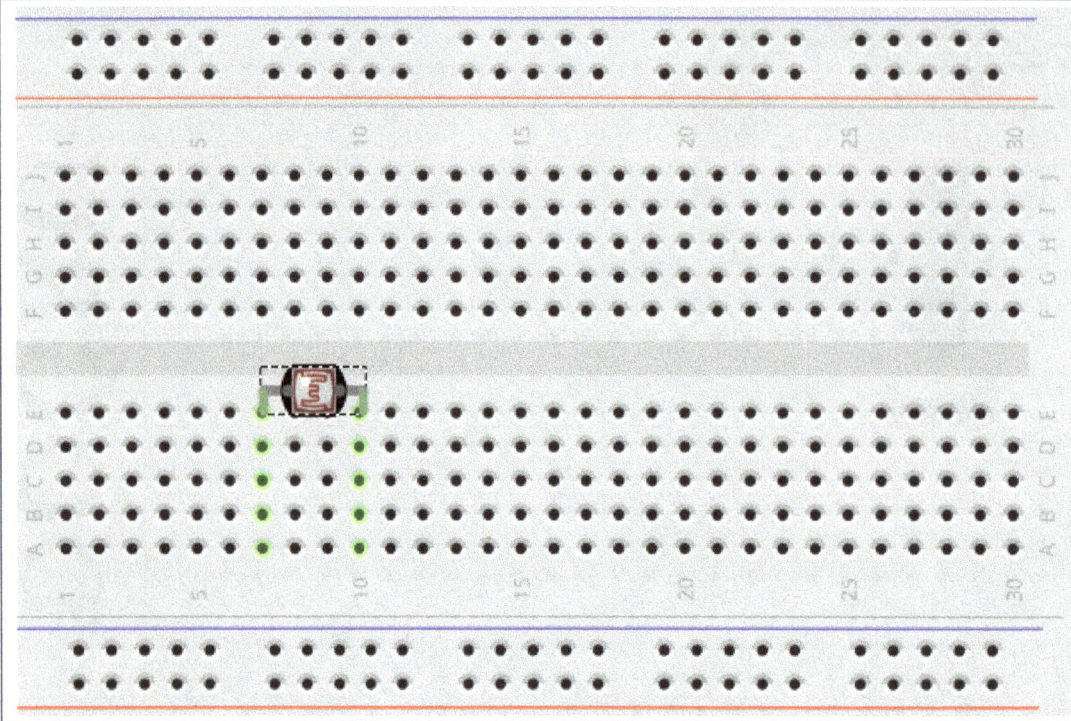

DOĞRU

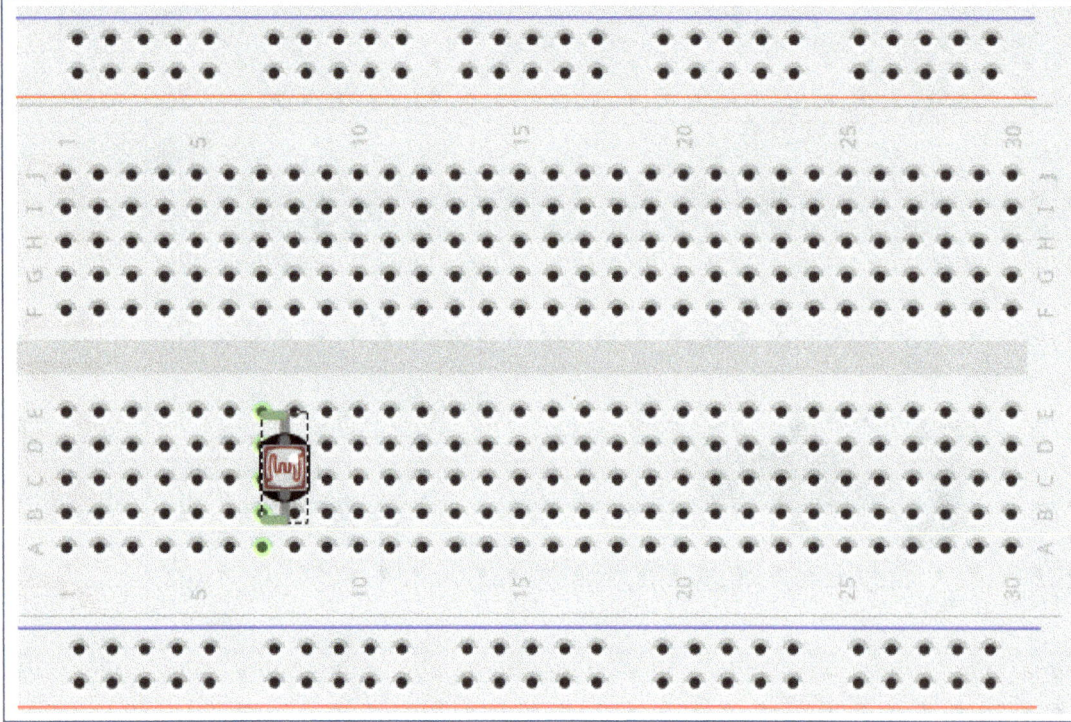

YANLIŞ

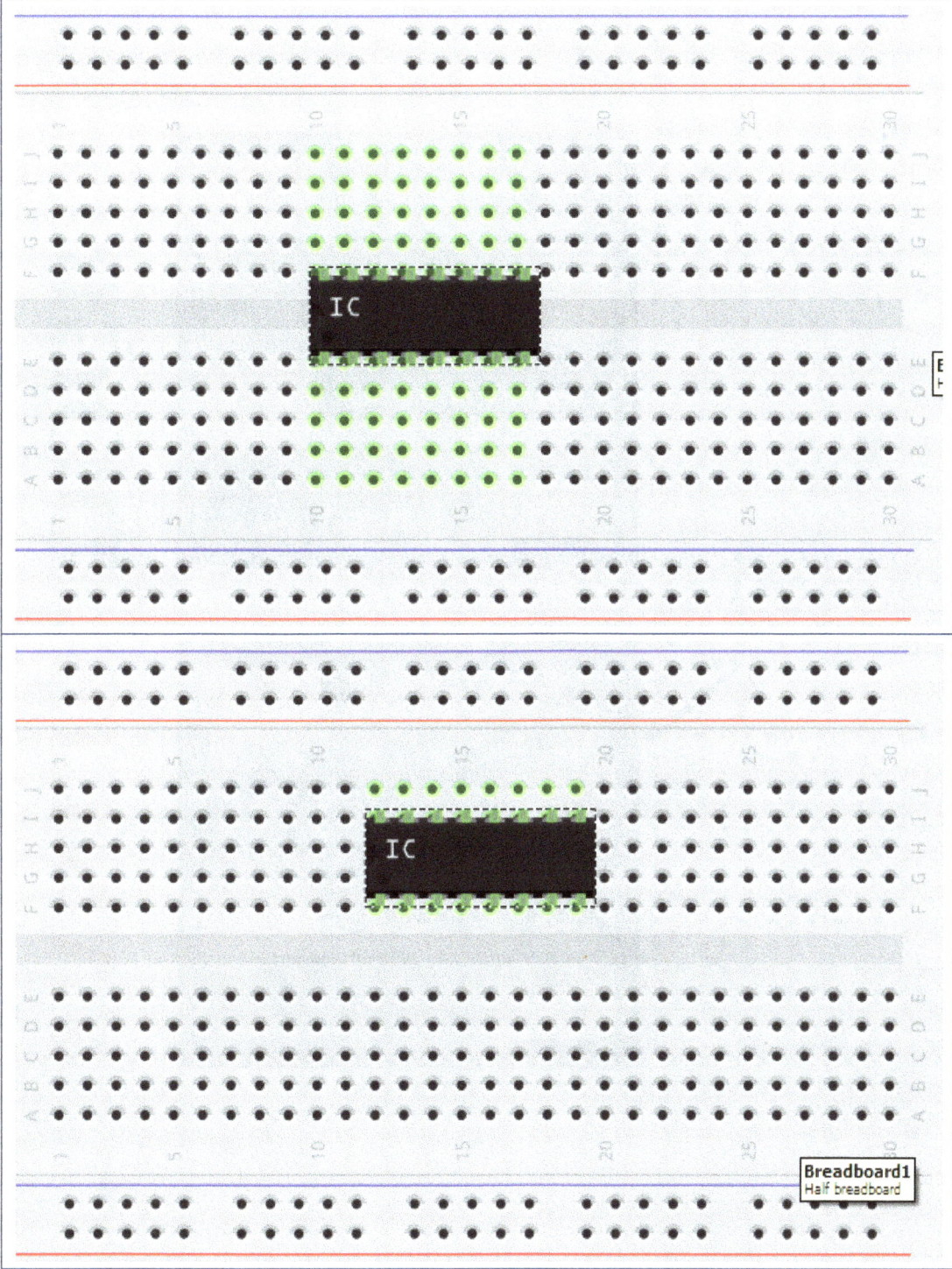

DOĞRU

YANLIŞ

Breadboard1
Half breadboard

49

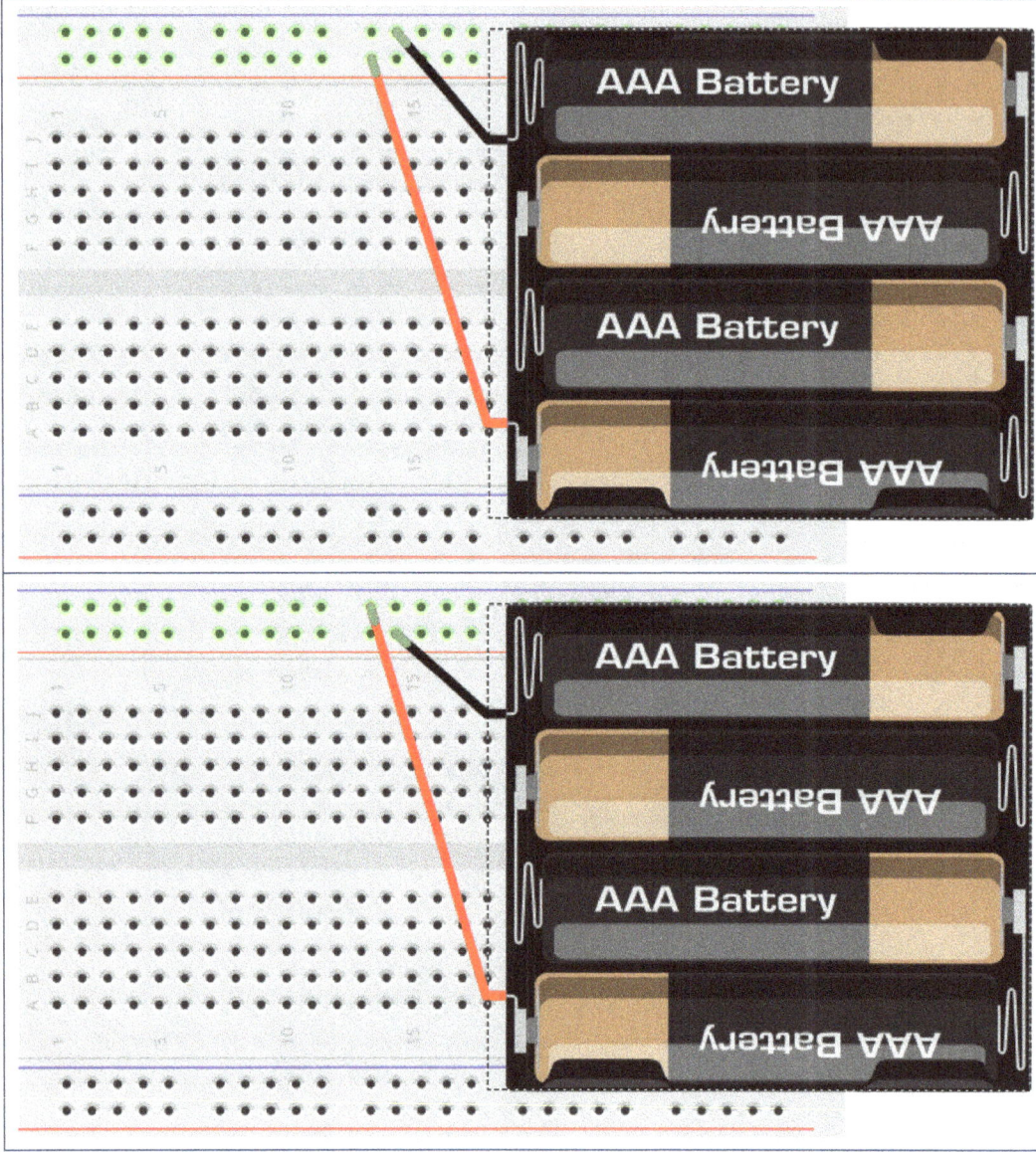

DOĞRU

YANLIŞ

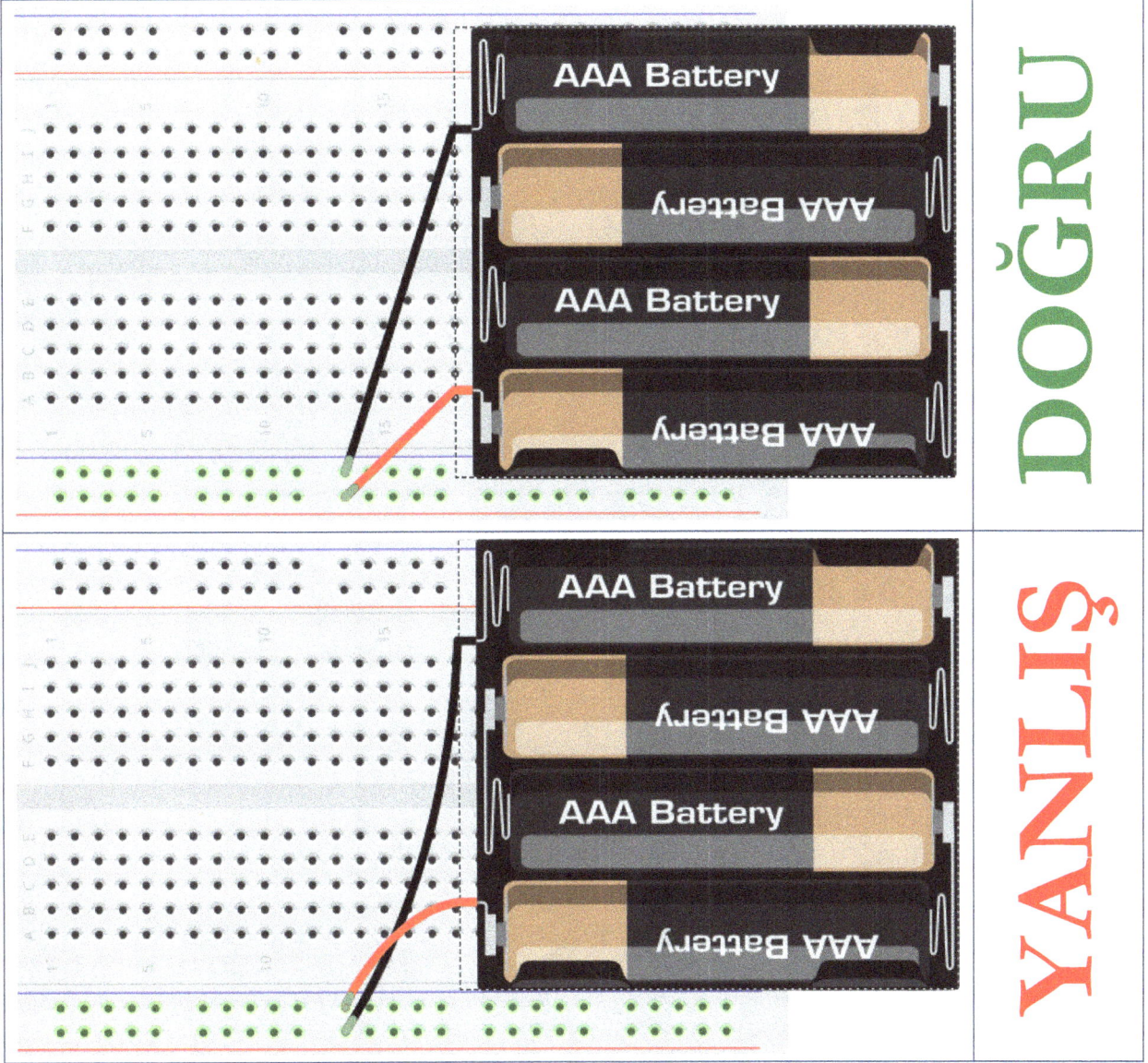

DOĞRU

YANLIŞ

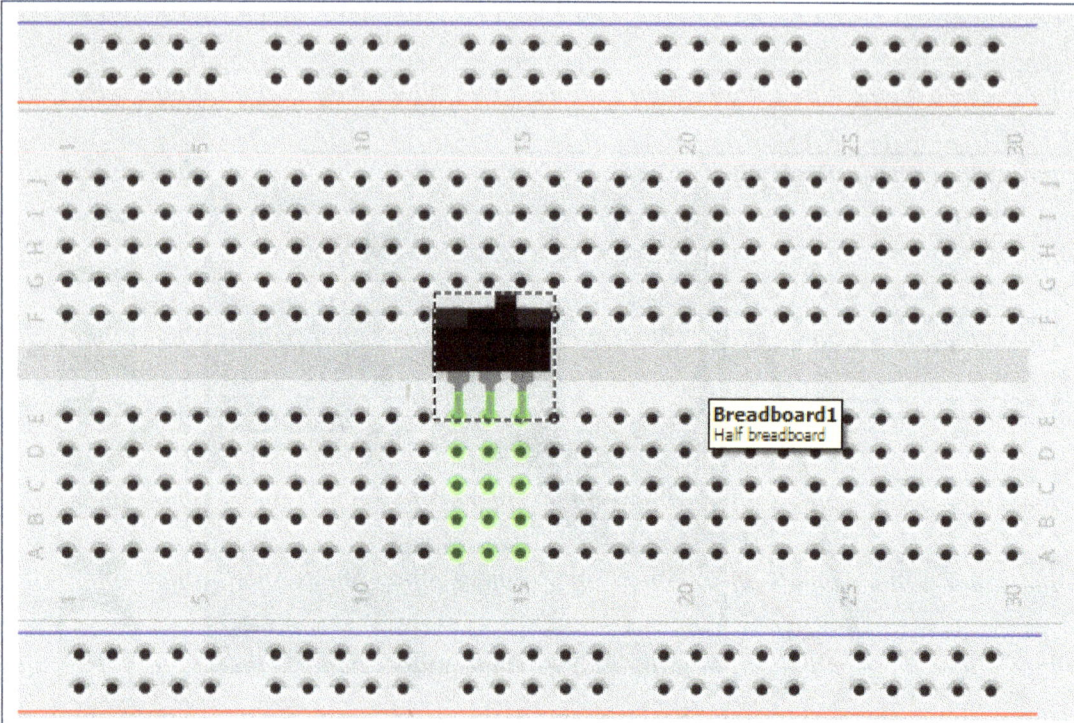

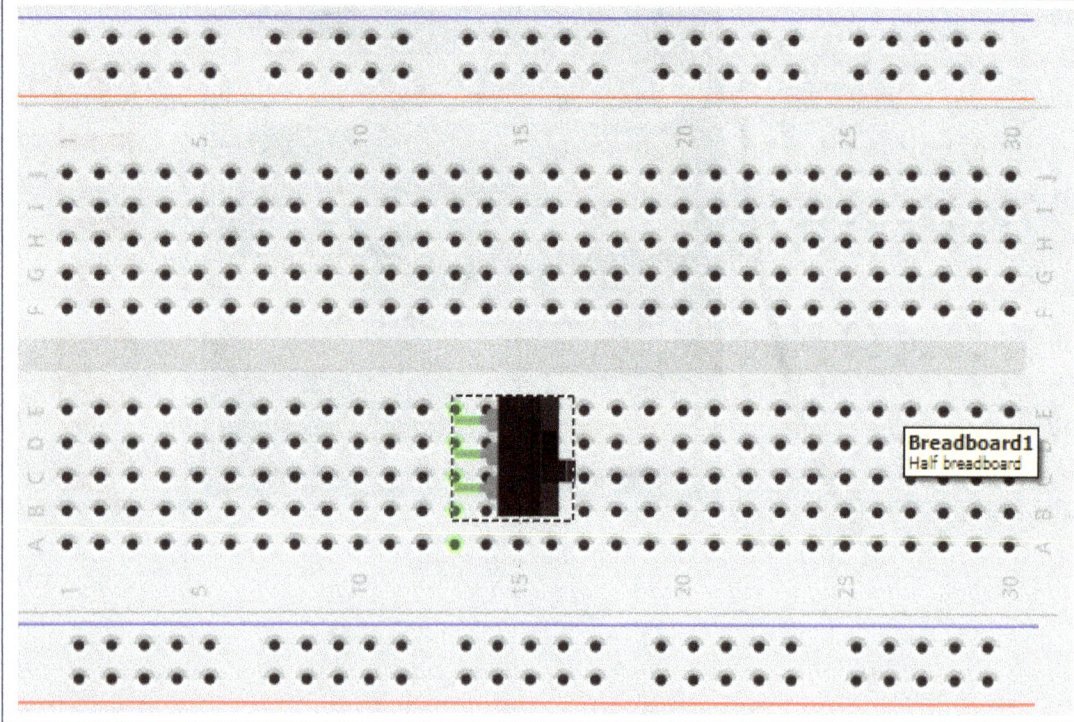

DOĞRU

Breadboard1
Half breadboard

YANLIŞ

Breadboard1
Half breadboard

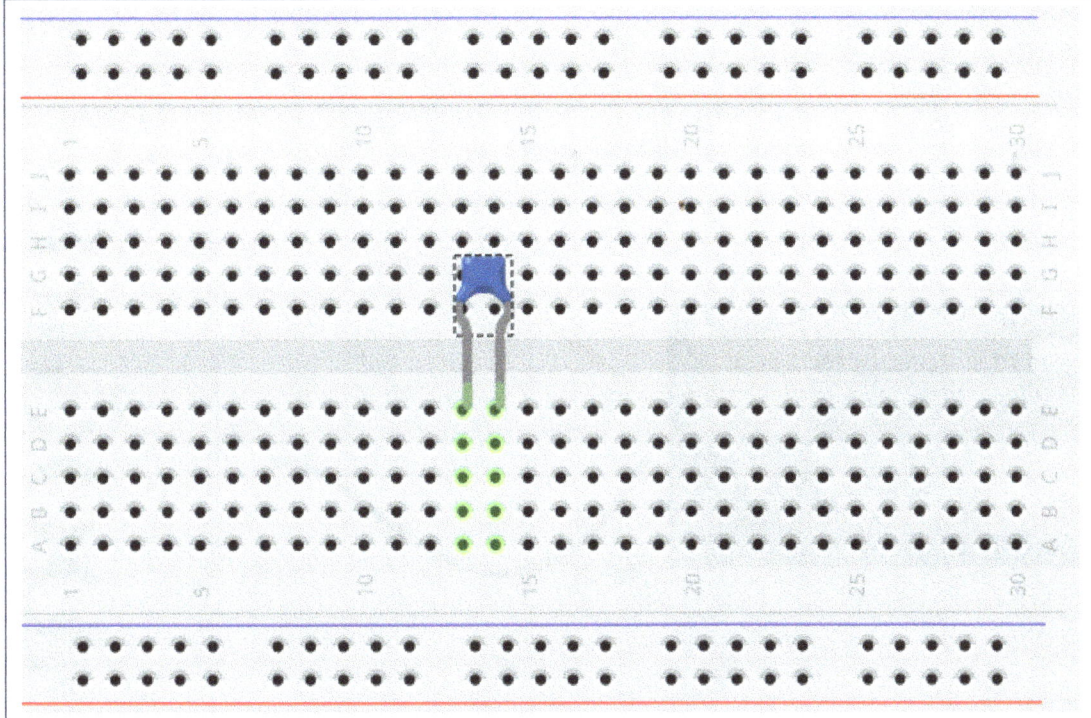

DOĞRU

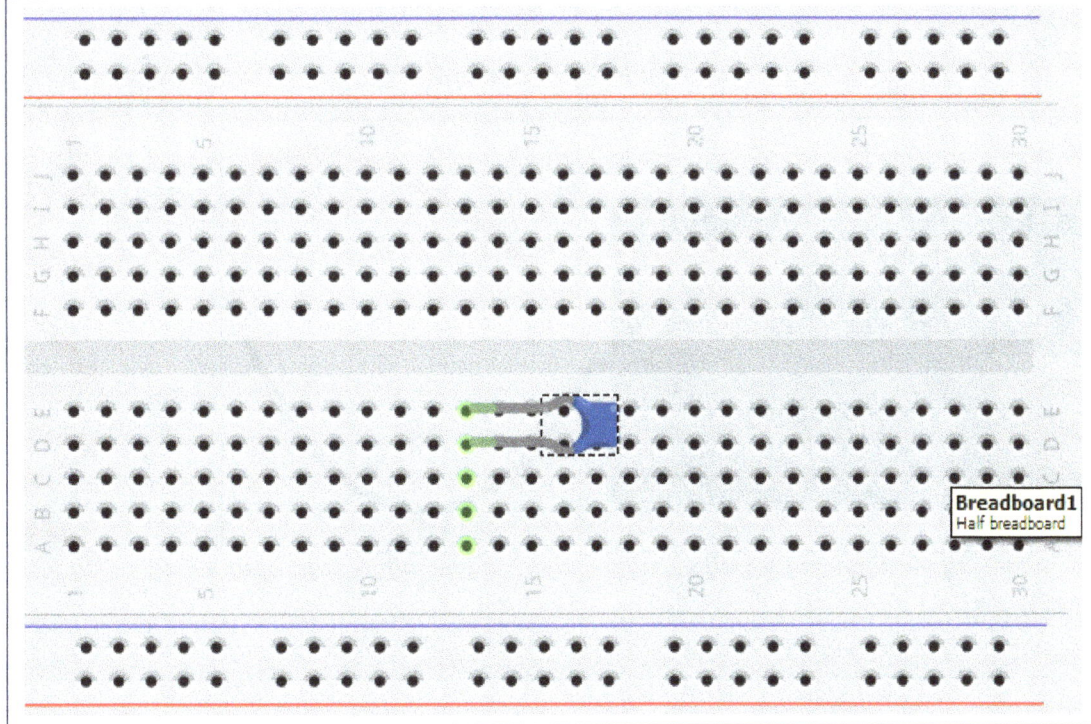

Breadboard1
Half breadboard

YANLIŞ

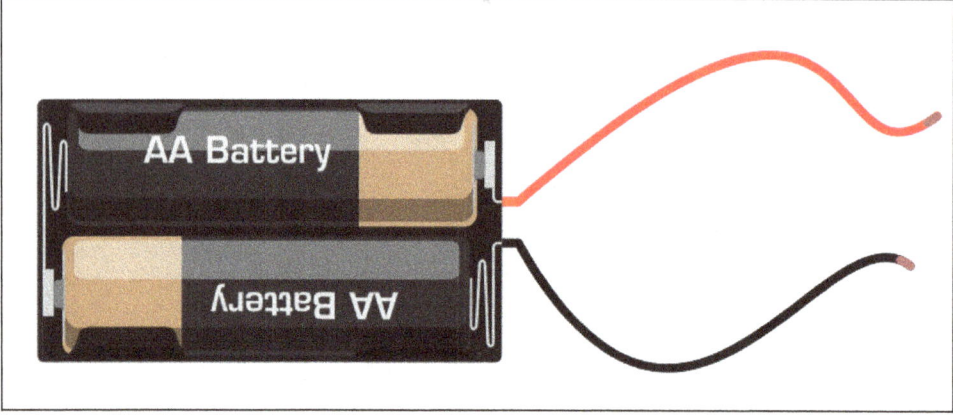

DOĞRU

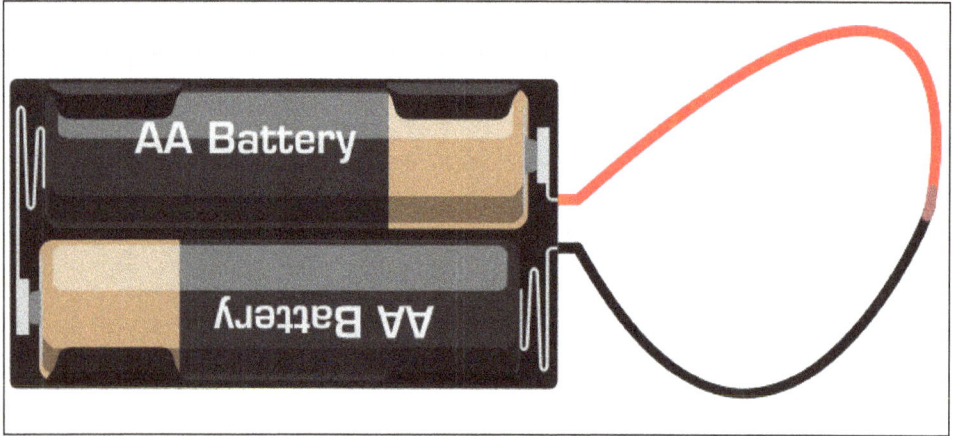

YANLIŞ

Uyarılar

- Hatalı bağlantı yapılması durumunda, hassas devre elemanları olan, özellikle yarı iletken entegre devreler, transistörler, LEDler vb gibi devre elemanları anında yanıp, bozulabilirler.

- Güç kaynağının kısa devre yapmamasına, yani iki ucunun doğrudan birbirine temas etmemesine özen gösteriniz.

Bölüm III

Buraya kadar tüm konular tam olarak iyice kavranıldıysa, projeler şimdi başlıyor!

Projeler

1. Işıklı (LED) Devreleri

Proje 1 – Tek LED'li Işık Devresi

Amaç

- Butona basıldığında kırmızı LED ışığı yanar.
- Butondan parmağımızı çektiğimizde ise LED ışığı söner.

Uyarılar

- Güç kaynağını (Pil/Piller) en son bağlayınız.
- Tüm bağlantıların doğru yapıldığından öncelikle emin olunuz.
- LED'in kutuplarının doğru yönde bağlandığından emin olunuz.
- Pillerin kutuplarının doğru bağlandığından emin olunuz.
- Isınan bir bileşen var ise güç kaynağını hemen çekiniz. Devreyi tekrar kontrol ediniz.

- Projenizi yaparken, **devre tahtası görünümünün** yanı sıra **şematik gösterimden** de faydalanınız.

Kullanılacak olan malzemeler listesi

Elektronik Bileşen Adı	Türü/Değeri	Miktar
Direnç	220 Ohm	1 adet
LED	Kırmızı LED	1 adet
Buton	Tuşlu buton	1 adet
Güç kaynağı	(4 Kalem Pil) 6 Volt	1 adet

Devre tahtasından görünümü

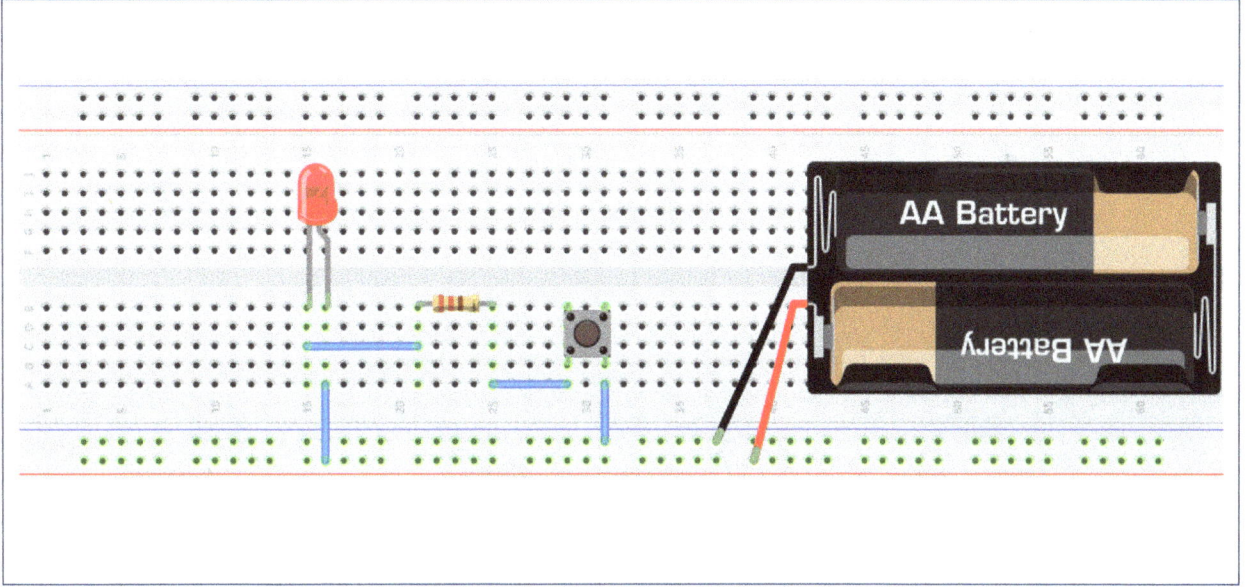

Devre tahtasının fotoğrafı

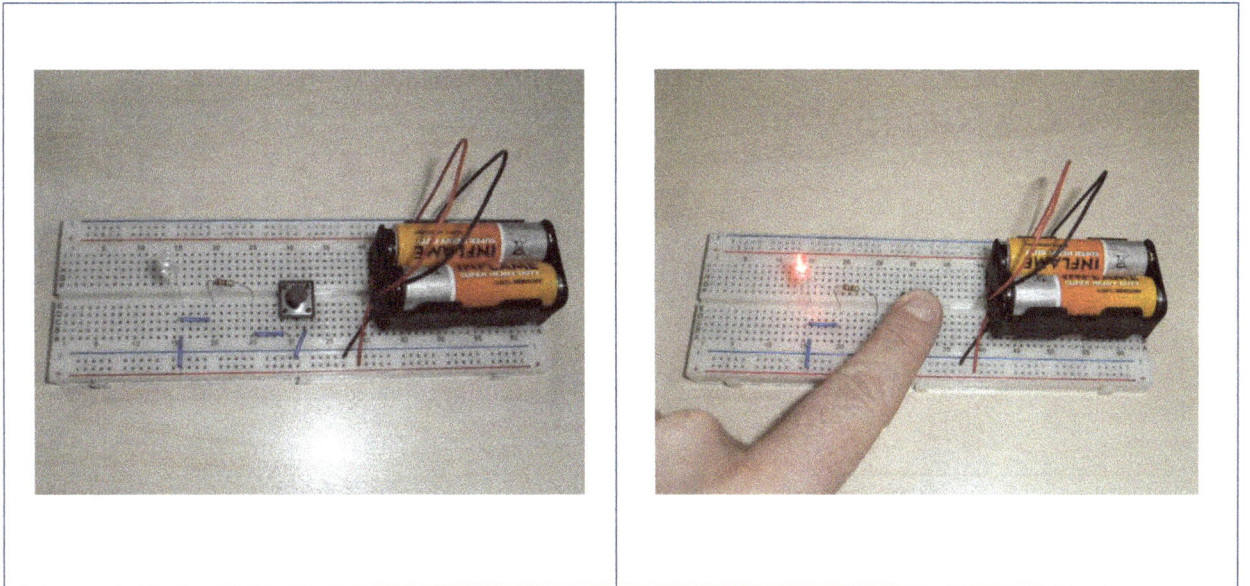

Şematik gösterimi

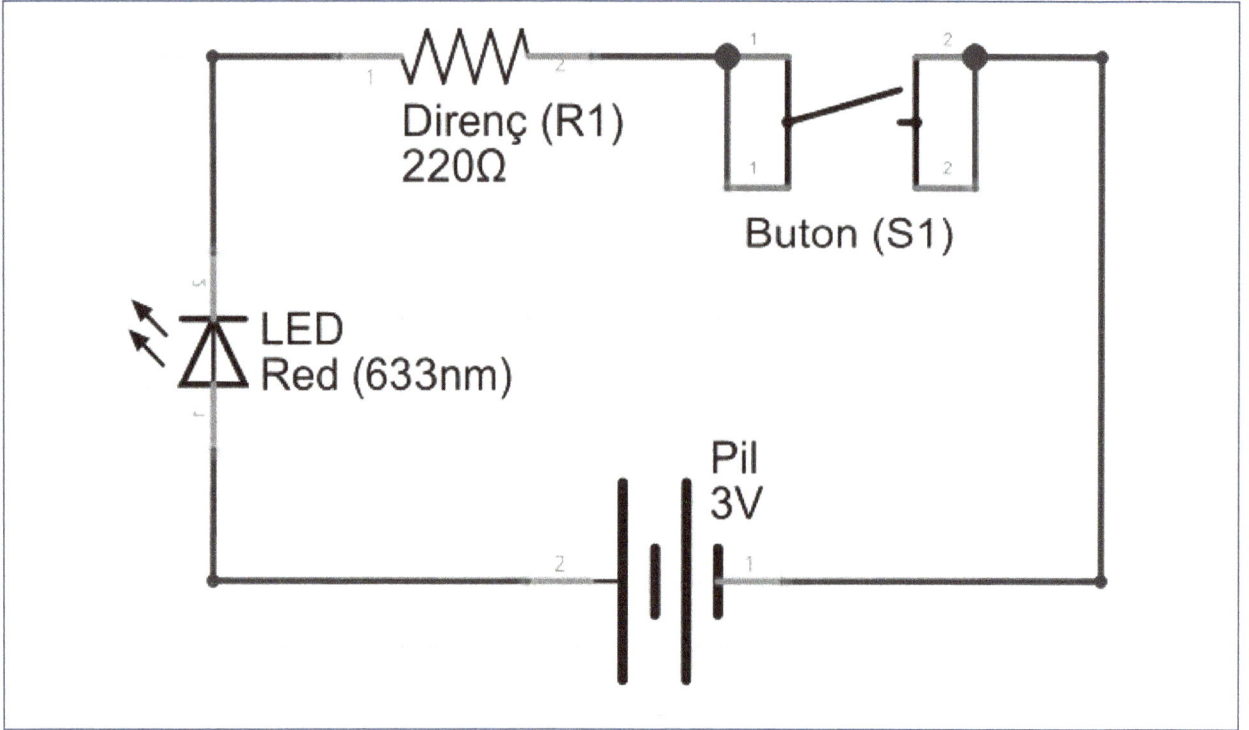

Direnç (R1)
220Ω

Buton (S1)

LED
Red (633nm)

Pil
3V

Proje 2 – Birden fazla LED'li Işık Devresi (LED'lerin paralel bağlanması)

Amaç

- Butonun düğmesine basıldığında LED'ler aynı anda yanar.
- Butondan parmağımızı çektiğimizde ise LED'ler aynı anda söner.

Uyarılar

- Güç kaynağını (Pil/Piller) en son bağlayınız.
- Tüm bağlantıların doğru yapıldığından öncelikle emin olunuz.
- LED'in kutuplarının doğru yönde bağlandığından emin olunuz.
- Pillerin kutuplarının doğru bağlandığından emin olunuz.
- Isınan bir bileşen var ise güç kaynağını hemen çekiniz. Devreyi tekrar kontrol ediniz.
- Projenizi yaparken, **devre tahtası görünümünün** yanı sıra **şematik gösterimden** de faydalanınız.

Kullanılacak olan malzemeler listesi

Elektronik Bileşen Adı	Türü/Değeri	Miktar
Direnç	220 Ohm	1 adet
LED	Mavi LED	1 adet
LED	Yeşil LED	1 adet
Buton	Tuşlu buton	1 adet
Güç kaynağı	(4 Kalem Pil) 6 Volt	1 adet

Devre tahtasından görünümü

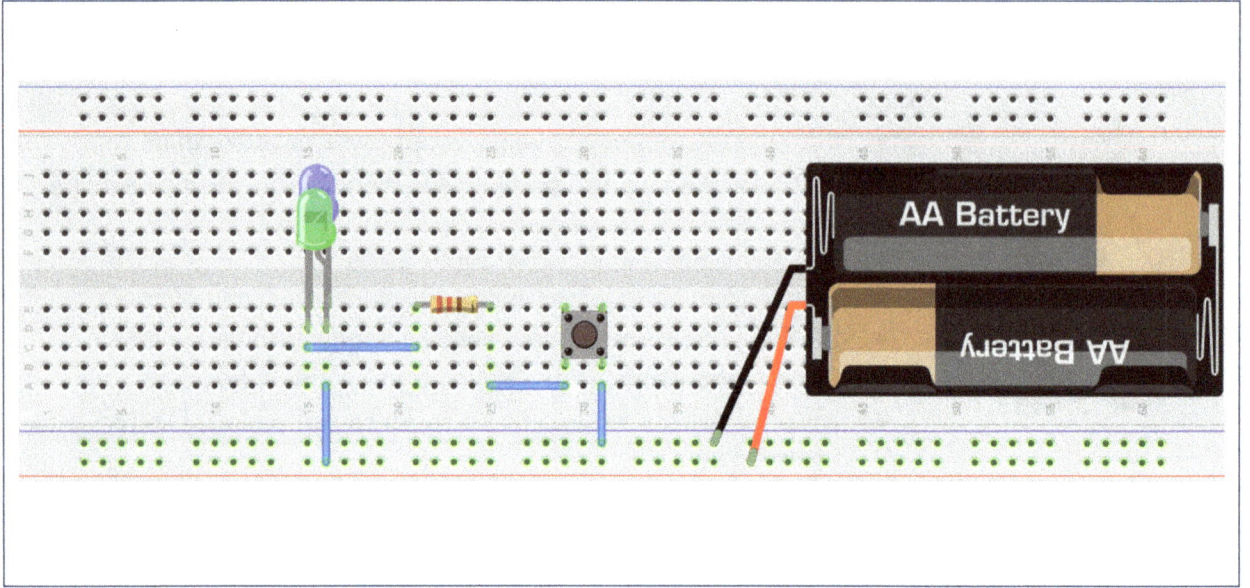

Devre tahtasının fotoğrafı

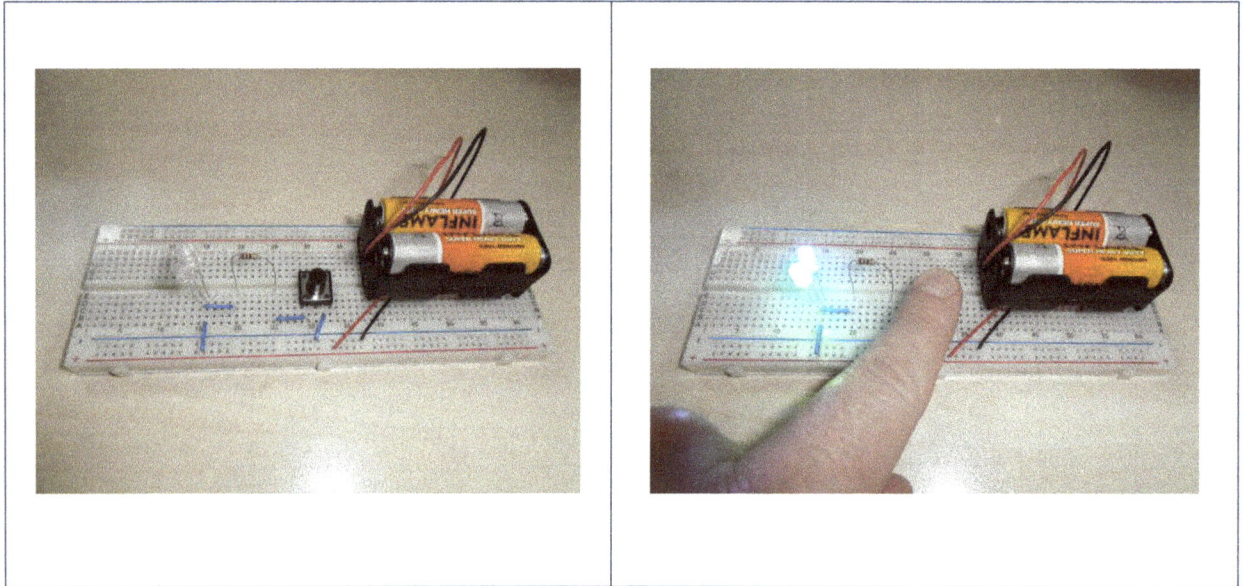

Şematik gösterimi

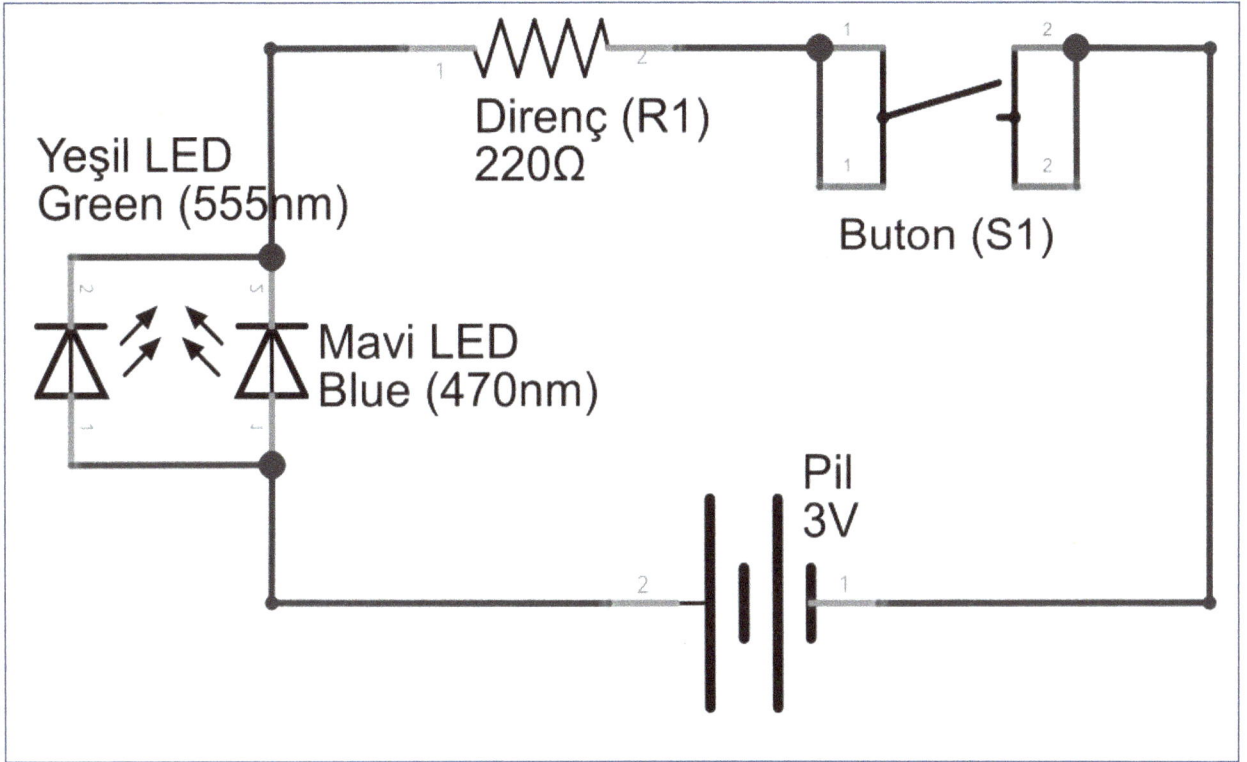

Yeşil LED
Green (555nm)

Direnç (R1)
220Ω

Buton (S1)

Mavi LED
Blue (470nm)

Pil
3V

Proje 3 – Tek bir RGB (Kırmızı, Yeşil, Mavi) LED ile çeşitli renklerde ışık elde etme projesi

Amaç

- Potansiyometreler saat yönünde ya da saat yönünün tersine doğru çevrildikçe RGB LED'den farklı renklerde ışık elde edilir.
- Kırmızı, Yeşil ve Mavi (RGB) ana renklerin karışımıyla pek çok renkte ışık elde edebilmek mümkündür.

Uyarılar

- Güç kaynağını (Pil/Piller) en son bağlayınız.
- Tüm bağlantıların doğru yapıldığından öncelikle emin olunuz.
- LED'in kutuplarının doğru yönde bağlandığından emin olunuz.
- Pillerin kutuplarının doğru bağlandığından emin olunuz.

- Isınan bir bileşen var ise güç kaynağını hemen çekiniz. Devreyi tekrar kontrol ediniz.
- Projenizi yaparken, **devre tahtası görünümünün** yanı sıra **şematik gösterimden** de faydalanınız.

Kullanılacak olan malzemeler listesi

Elektronik Bileşen Adı	Türü/Değeri	Miktar
Direnç	220 Ohm	1 adet
RGB LED	Ortak Anot LED	1 adet
Potansiyometre	10 K Ohm	3 adet
Güç kaynağı	(4 Kalem Pil) 6 Volt	1 adet

Devre tahtasından görünümü

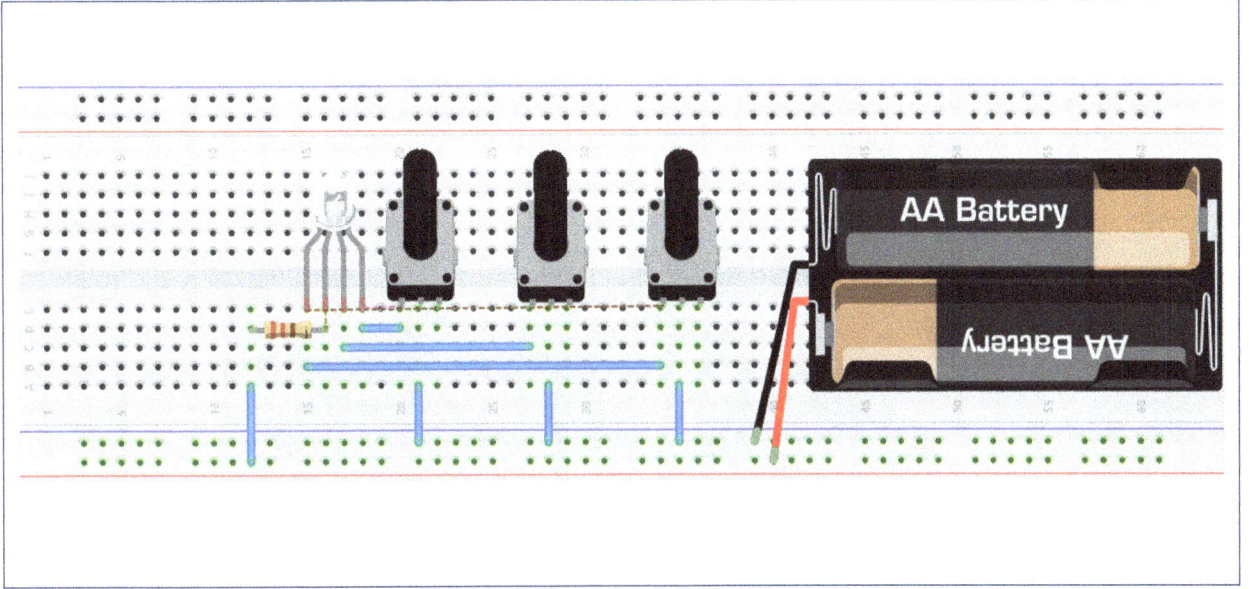

Devre tahtasının fotoğrafı

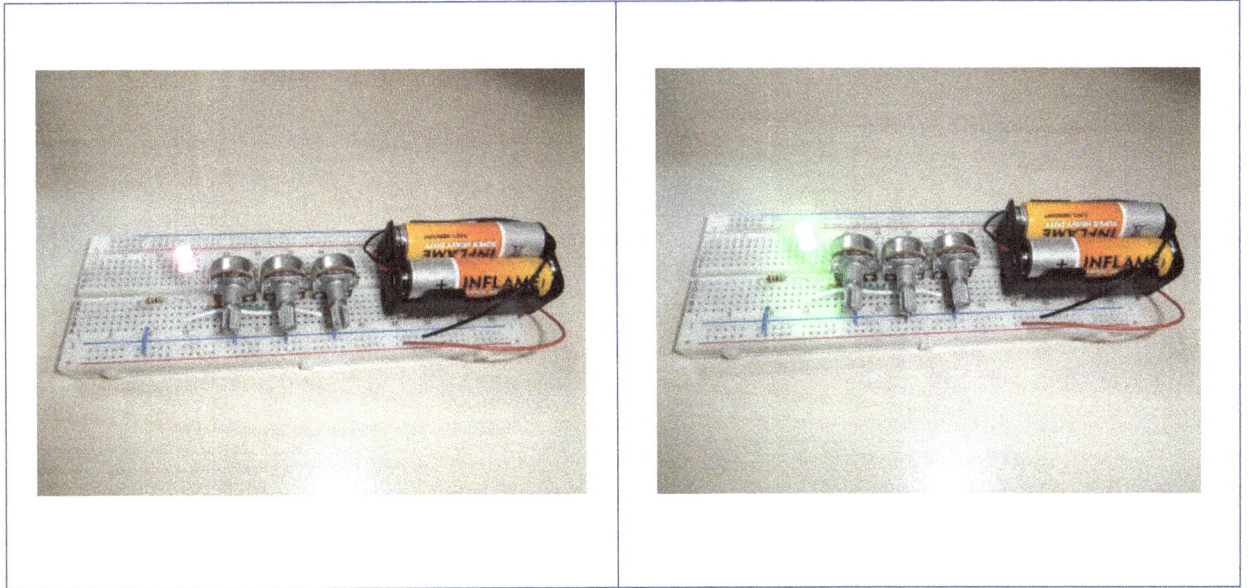

Şematik gösterimi

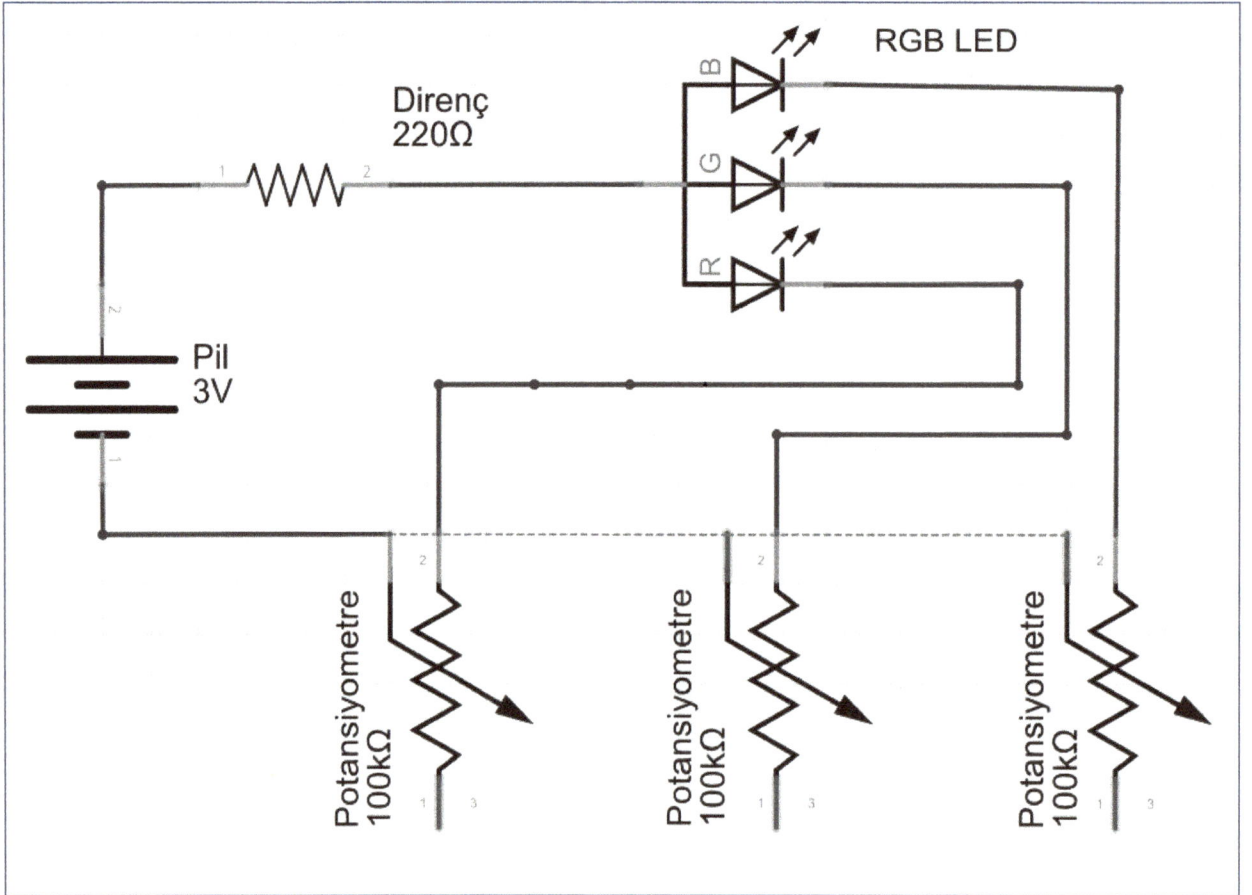

RGB LED

B

G

R

Direnç
220Ω

Pil
3V

Potansiyometre
100kΩ

Potansiyometre
100kΩ

Potansiyometre
100kΩ

2. Yarıiletken (Transistörlü) Devreler

Proje 4 – Transistörlü Anahtar Devresi

Amaç

- Butonun düğmesine basıldığında LED ışığı yanar.
- Butondan parmağımızı çektiğimizde ise LED ışığı söner.
- Bir yarıiletken olan transistörün devre elemanı olarak kullanımı.

Uyarılar

- Transistörün (BC547) bacak bağlantılarına dikkat edilmesi gerekmektedir.
- Güç kaynağını (Pil/Piller) en son bağlayınız.
- Tüm bağlantıların doğru yapıldığından öncelikle emin olunuz.
- LED'in kutuplarının doğru yönde bağlandığından emin olunuz.
- Pillerin kutuplarının doğru bağlandığından emin olunuz.
- Isınan bir bileşen var ise güç kaynağını hemen çekiniz. Devreyi tekrar kontrol ediniz.
- Projenizi yaparken, **devre tahtası görünümünün** yanı sıra **şematik gösterimden** de faydalanınız.

Kullanılacak olan malzemeler listesi

Elektronik Bileşen Adı	Türü/Değeri	Miktar
Direnç	220 Ohm	1 adet
LED	Kırmızı LED	1 adet
Transistör	NPN (BC547)	1 adet
Buton	Tuşlu buton	1 adet
Güç kaynağı	(4 Kalem Pil) 6 Volt	1 adet

Devre tahtasından görünümü

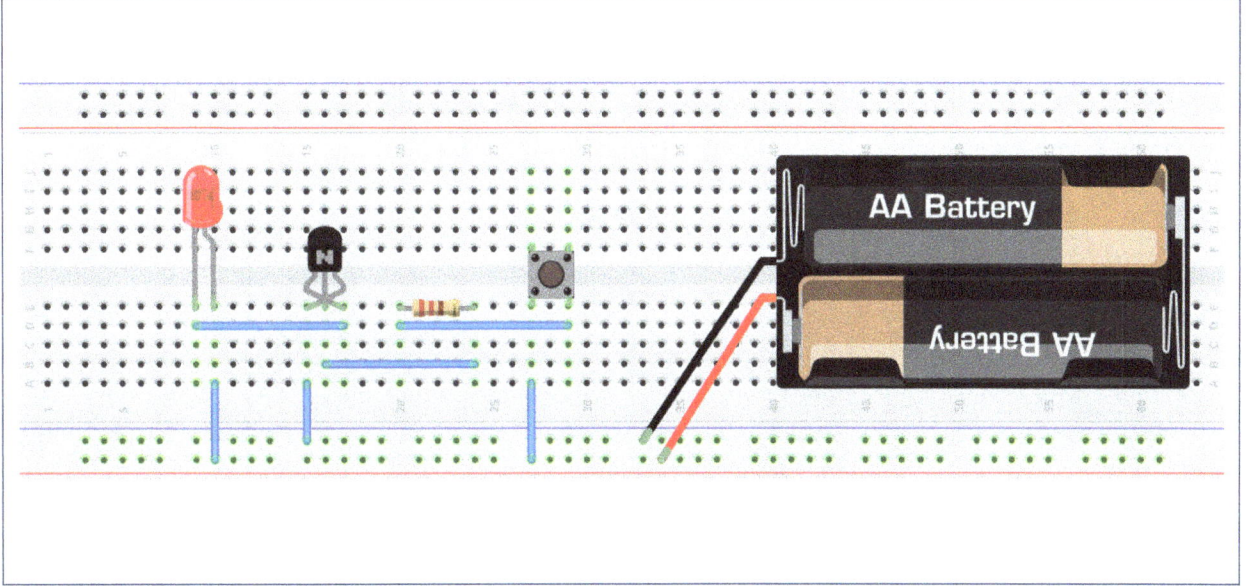

Devre tahtasının fotoğrafı

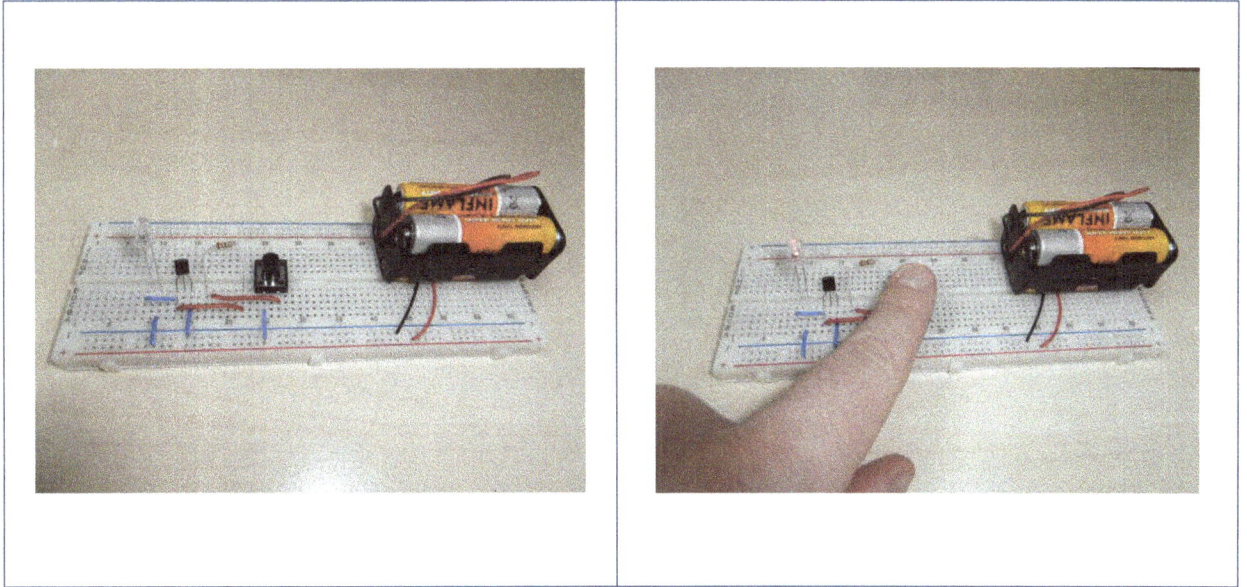

Şematik gösterimi

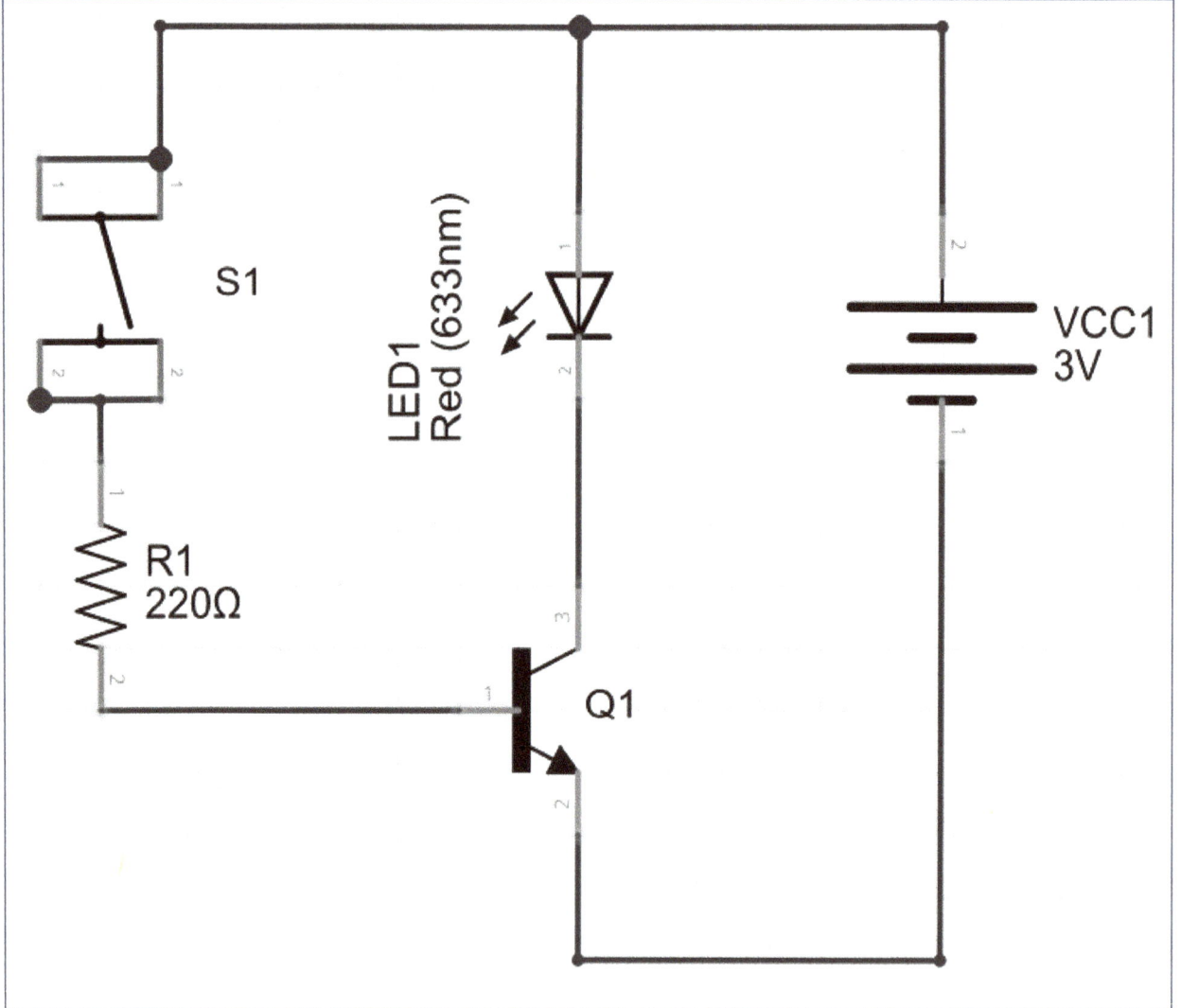

S1

LED1
Red (633nm)

R1
220Ω

Q1

VCC1
3V

Proje 5 – Transistörlü Zamanlayıcı

Amaç

- Butonun düğmesine basılıp, çekildiğinde, belirli bir süre boyunca LED ışığı yanmaya devam eder.
- Daha sonra kendiliğinden LED ışığı söner.

Uyarılar

- Transistörün (BC547) bacak bağlantılarına dikkat edilmesi gerekmektedir.
- Güç kaynağını (Pil/Piller) en son bağlayınız.
- Tüm bağlantıların doğru yapıldığından öncelikle emin olunuz.
- LED'in kutuplarının doğru yönde bağlandığından emin olunuz.
- Pillerin kutuplarının doğru bağlandığından emin olunuz.
- Isınan bir bileşen var ise güç kaynağını hemen çekiniz. Devreyi tekrar kontrol ediniz.
- Projenizi yaparken, **devre tahtası görünümünün** yanı sıra **şematik gösterimden** de faydalanınız.

Kullanılacak olan malzemeler listesi

Elektronik Bileşen Adı	Türü/Değeri	Miktar
Direnç	1 K Ohm	1 adet
LED	Kırmızı LED	1 adet
Transistör	NPN (BC547)	1 adet
Kondansatörü	470 mikro farad	1 adet
Buton	Tuşlu buton	1 adet
Güç kaynağı	(4 Kalem Pil) 6 Volt	1 adet

Devre tahtasından görünümü

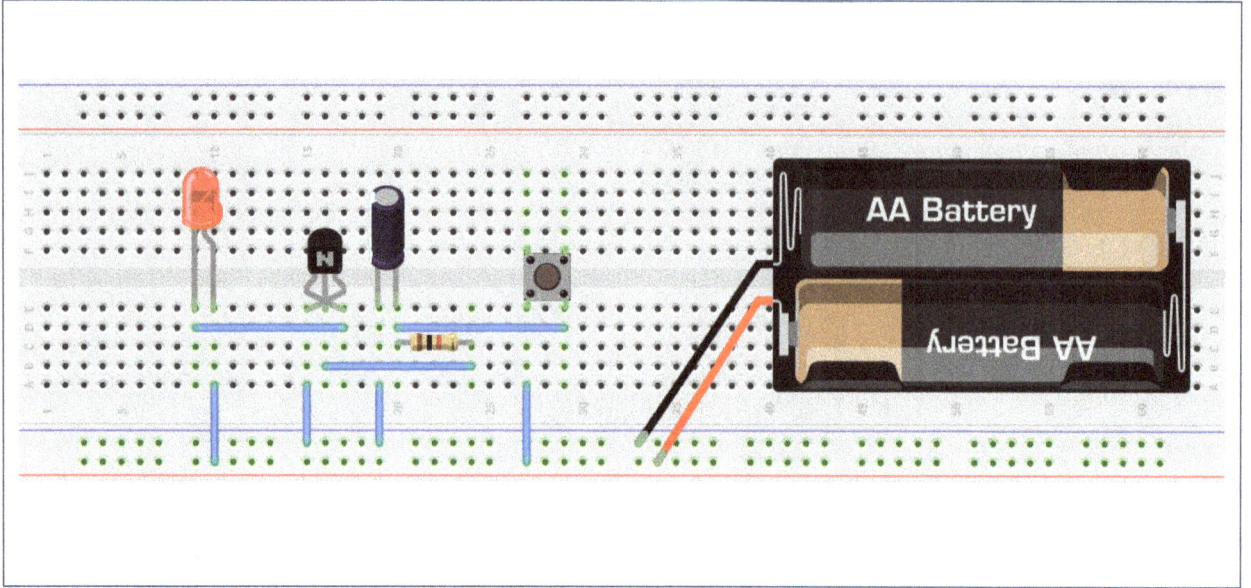

Devre tahtasının fotoğrafı

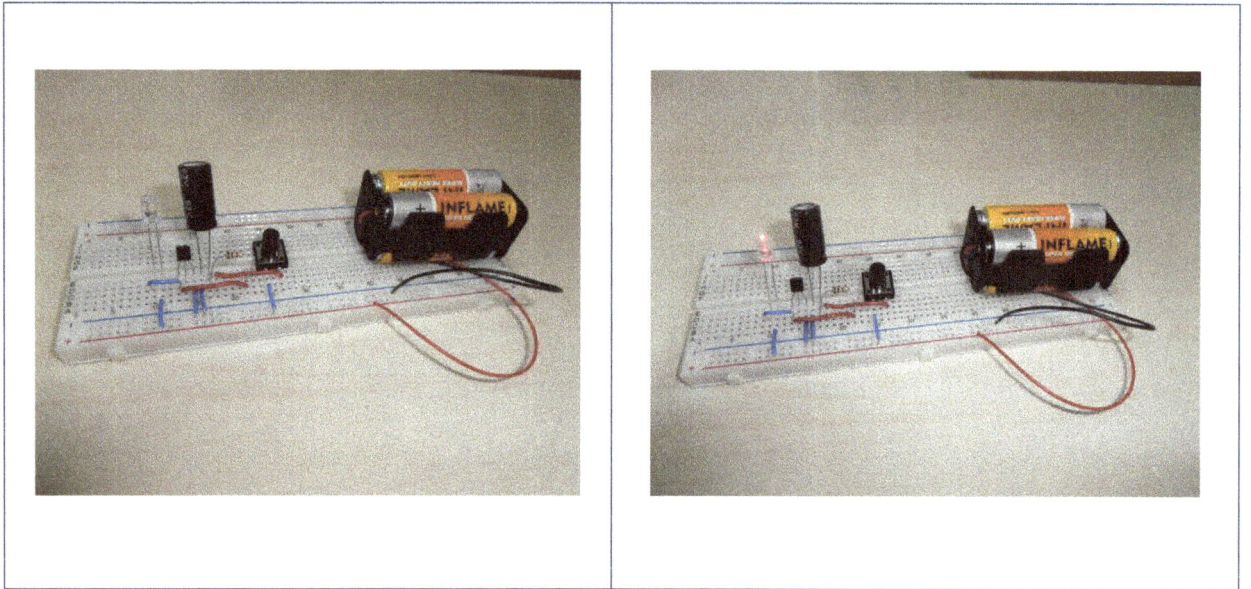

Şematik gösterimi

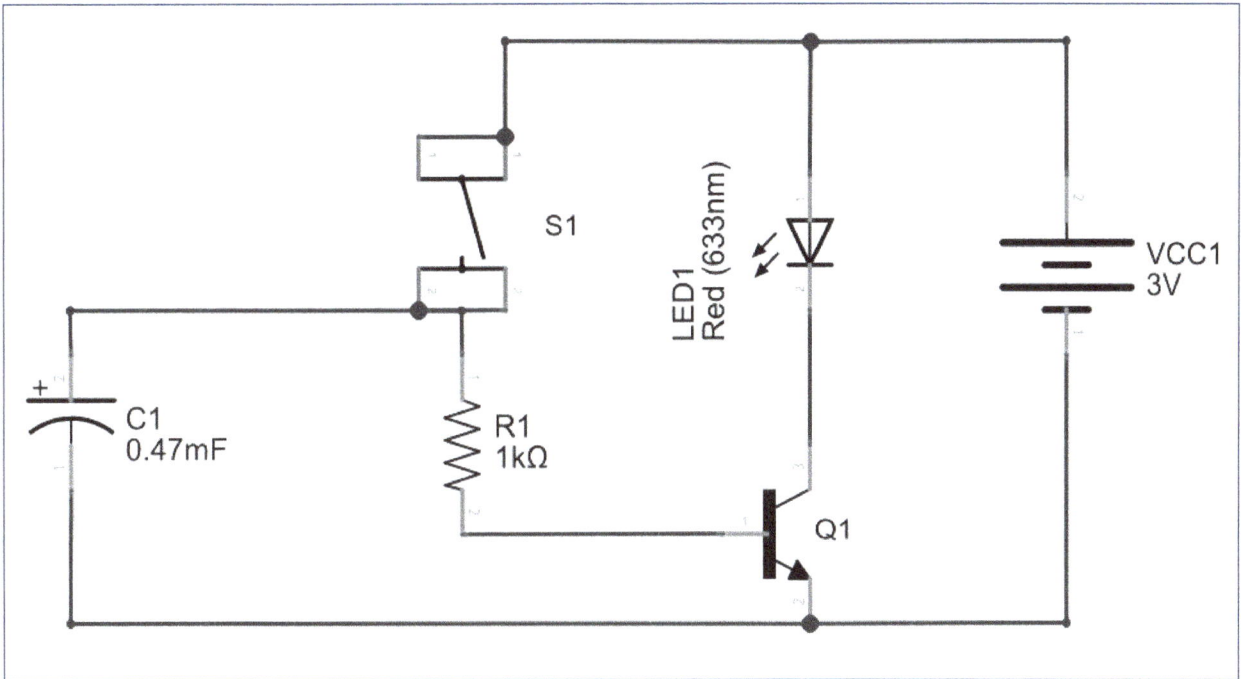

S1

LED1
Red (633nm)

VCC1
3V

C1
0.47mF

R1
1kΩ

Q1

Proje 6 – Işığa Duyarlı Yanan/Sönen LED

Amaç

- Fotodirenç (LDR) aydınlık bir ortamdayken, LED ışığı yanar.
- Fotodirenç (LDR) karanlık ortamdayken (örn. bir kalem kapağı ile fotodirence gelen ortam ışığı engellendiğinde), LED ışığı söner.

Uyarılar

- Transistörün (BC547) bacak bağlantılarına dikkat edilmesi gerekmektedir.
- Güç kaynağını (Pil/Piller) en son bağlayınız.
- Tüm bağlantıların doğru yapıldığından öncelikle emin olunuz.
- LED'in kutuplarının doğru yönde bağlandığından emin olunuz.
- Pillerin kutuplarının doğru bağlandığından emin olunuz.
- Isınan bir bileşen var ise güç kaynağını hemen çekiniz. Devreyi tekrar kontrol ediniz.
- Projenizi yaparken, **devre tahtası görünümünün** yanı sıra **şematik gösterimden** de faydalanınız.

Kullanılacak olan malzemeler listesi

Elektronik Bileşen Adı	Türü/Değeri	Miktar
Direnç	1 K Ohm	1 adet
LED	Kırmızı LED	1 adet
Transistör	NPN (BC547)	1 adet
Fotodirenç (LDR)	LDR	1 adet
Güç kaynağı	(4 Kalem Pil) 6 Volt	1 adet

Devre tahtasından görünümü

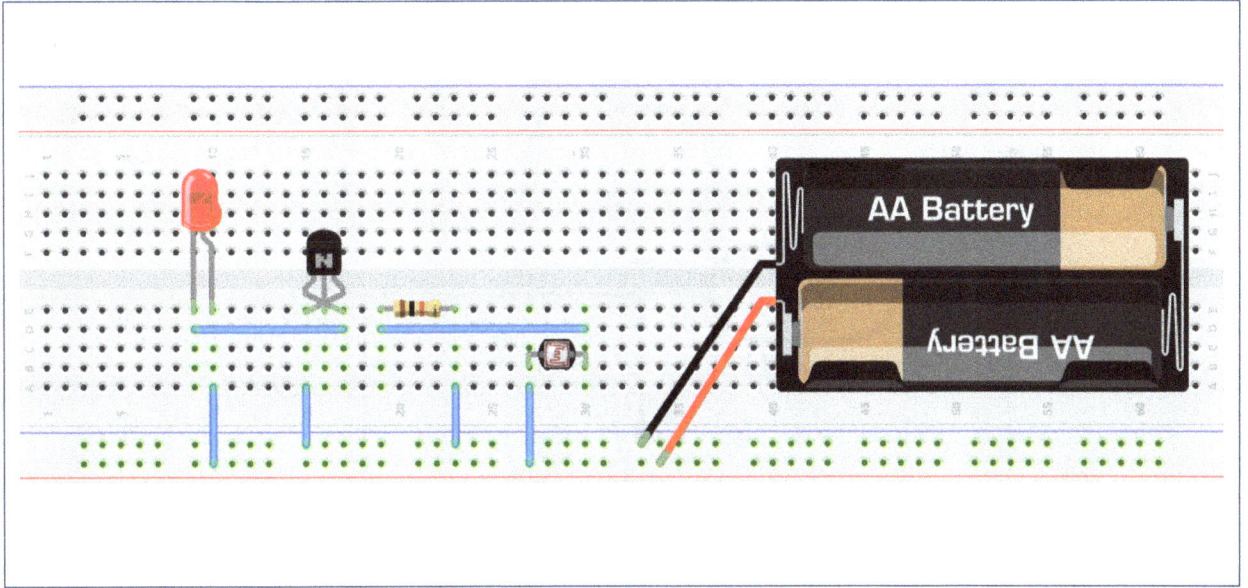

Devre tahtasının fotoğrafı

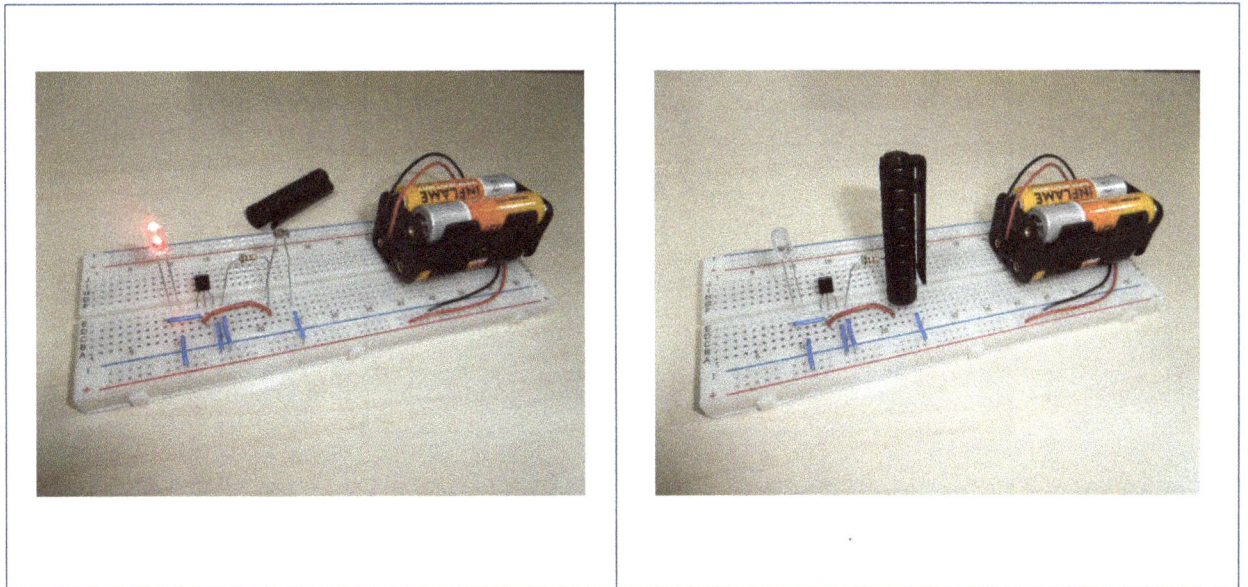

Şematik gösterimi

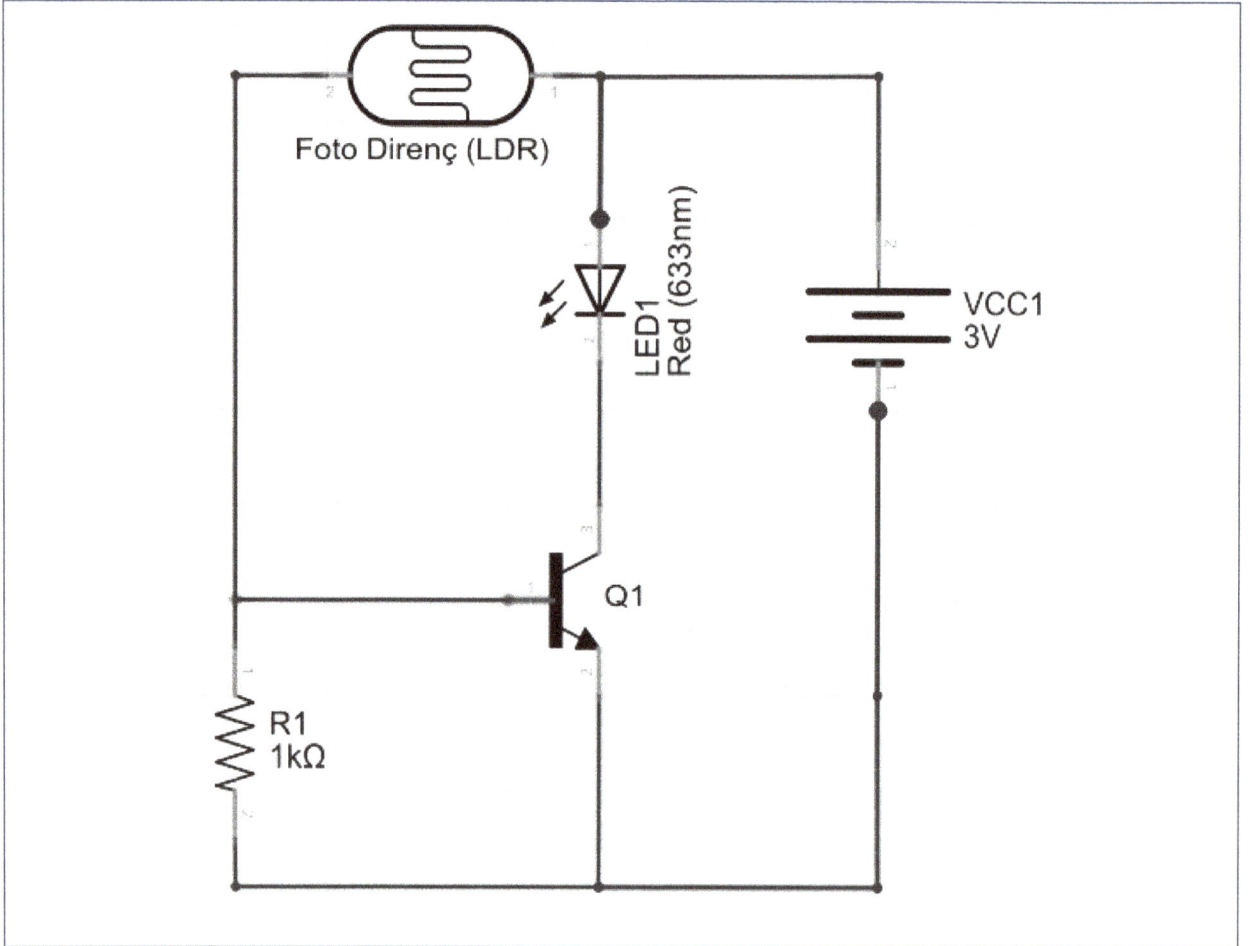

Foto Direnç (LDR)

LED1
Red (633nm)

VCC1
3V

Q1

R1
1kΩ

Proje 7 – Bitki Sulama Hatırlatıcısı

Amaç

- Algılayıcı iki iletken tel ıslak ya da nemli bir ortama batırıldığında, LED ışığı yanmaz. (Örneğin, iki iletken tel, ıslak saksı toprağının içerisine saplanmışken…)
- Islaklık ya da nemin olmadığı durumda ise LED ışığı yanacaktır.
- Suyun iletkenliğini artırmak için tuz ilave edip, karıştırınız.

Uyarılar

- Transistörün (BC547) bacak bağlantılarına dikkat edilmesi gerekmektedir.
- Güç kaynağını (Pil/Piller) en son bağlayınız.
- Tüm bağlantıların doğru yapıldığından öncelikle emin olunuz.
- LED'in kutuplarının doğru yönde bağlandığından emin olunuz.
- Pillerin kutuplarının doğru bağlandığından emin olunuz.
- Isınan bir bileşen var ise güç kaynağını hemen çekiniz. Devreyi tekrar kontrol ediniz.
- Projenizi yaparken, **devre tahtası görünümünün** yanı sıra **şematik gösterimden** de faydalanınız.

Kullanılacak olan malzemeler listesi

Elektronik Bileşen Adı	Türü/Değeri	Miktar
Direnç	1 M Ohm	1 adet
LED	Kırmızı LED	1 adet
Transistör	NPN (BC547)	1 adet
Güç kaynağı	(4 Kalem Pil) 6 Volt	1 adet

Devre tahtasından görünümü

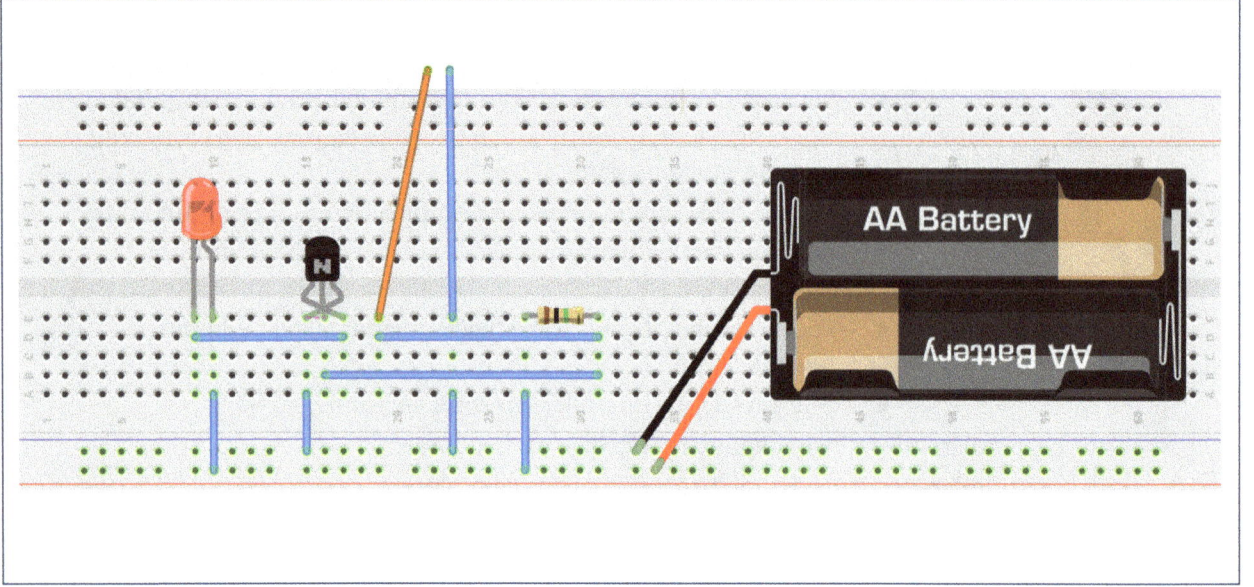

Devre tahtasının fotoğrafı

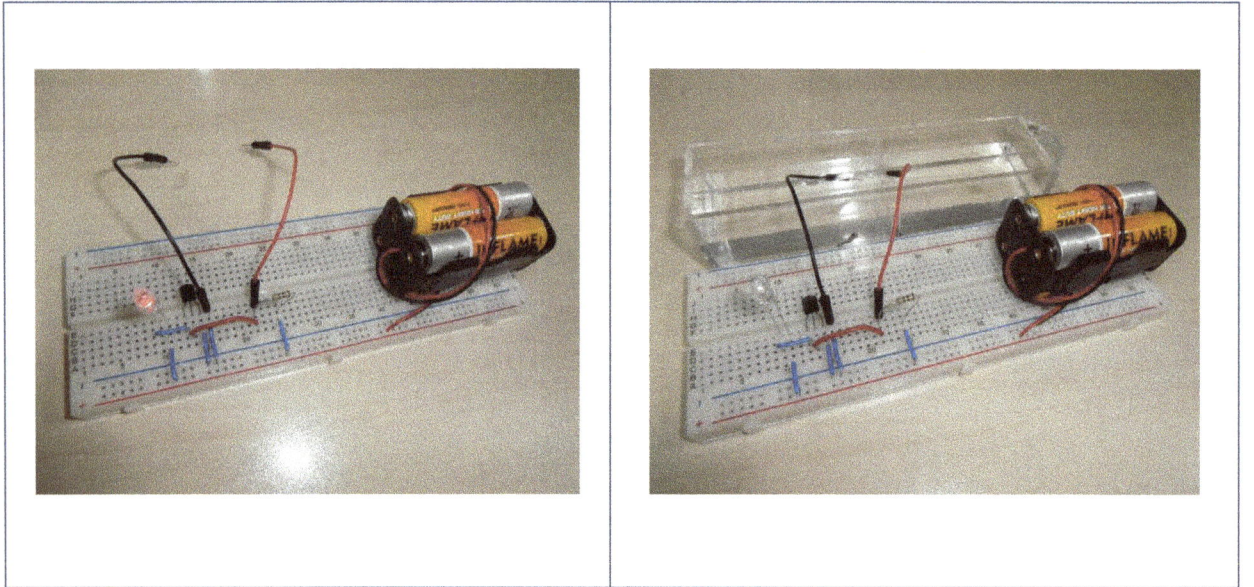

Şematik gösterimi

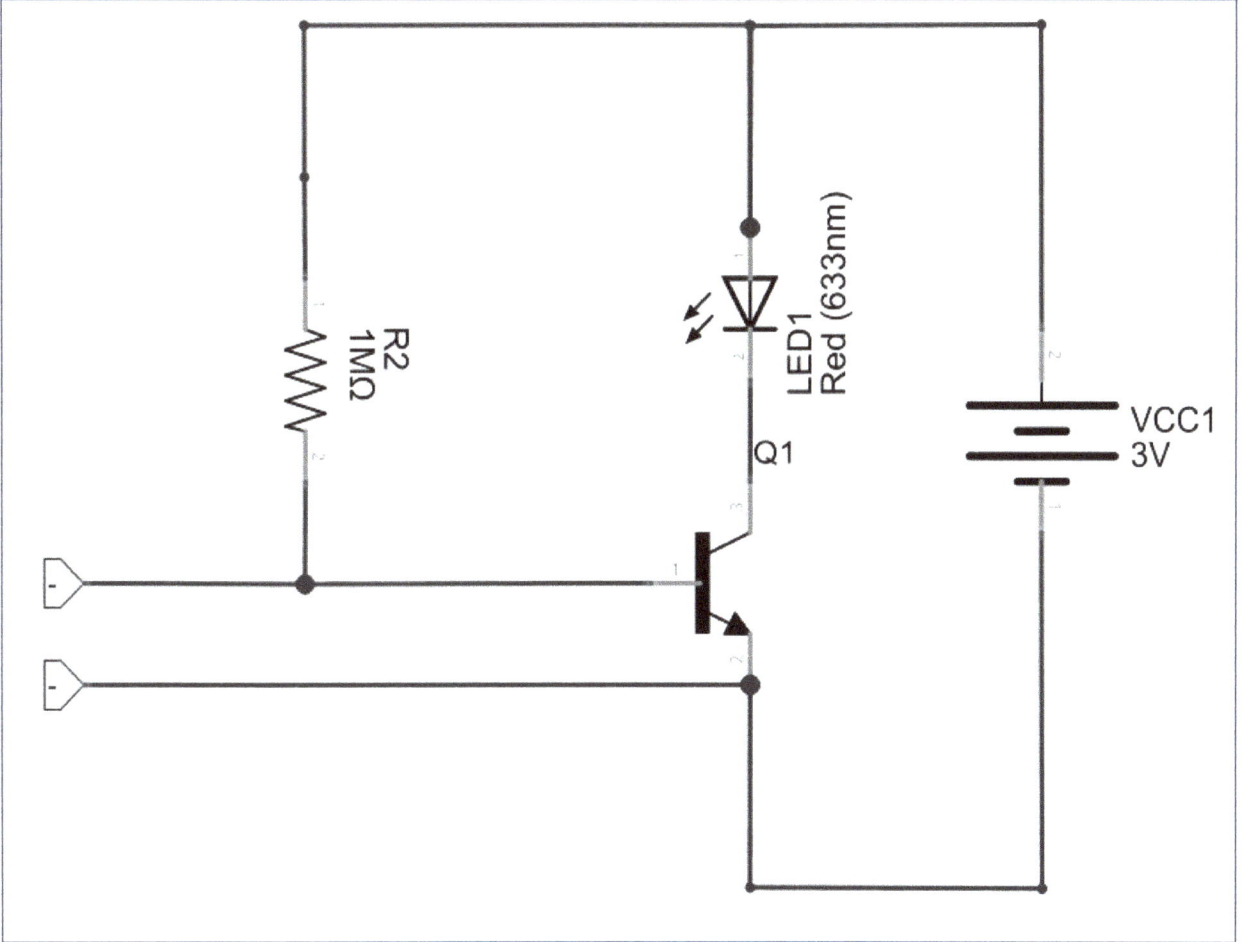

Proje 8 – Flip-Flop Devresi

Amaç

- LEDlerden önce bir tanesi ışık verir. Kısa bir süre ışık verdikten sonra söner, diğer LED ışık verir. (Örn. Polis devriye arabalarının dış tavan ışıkları…)
- Sürekli olarak LEDlerin biri yanarken diğeri söner.

Uyarılar

- Transistorlerin (BC547) bacak bağlantılarına dikkat edilmesi gerekmektedir.
- Güç kaynağını (Pil/Piller) en son bağlayınız.
- Tüm bağlantıların doğru yapıldığından öncelikle emin olunuz.
- LED'in kutuplarının doğru yönde bağlandığından emin olunuz.
- Pillerin kutuplarının doğru bağlandığından emin olunuz.
- Isınan bir bileşen var ise güç kaynağını hemen çekiniz. Devreyi tekrar kontrol ediniz.
- Projenizi yaparken, **devre tahtası görünümünün** yanı sıra **şematik gösterimden** de faydalanınız.

Kullanılacak olan malzemeler listesi

Elektronik Bileşen Adı	Türü/Değeri	Miktar
Direnç	220 Ohm	2 adet
Direnç	10 K Ohm	2 adet
LED	Kırmızı LED	1 adet
LED	Mavi LED	1 adet
Kondansatör	100 mikro farad	2 adet
Transistör	NPN (BC547)	2 adet
Güç kaynağı	(4 Kalem Pil) 6 Volt	1 adet

Devre tahtasından görünümü

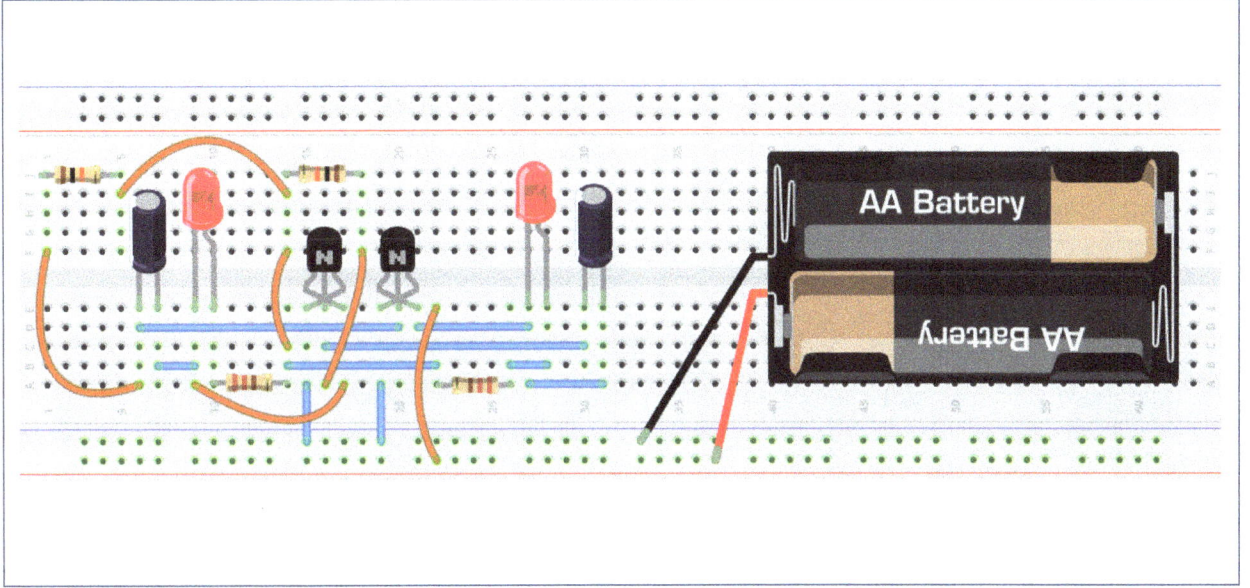

Devre tahtasının fotoğrafı

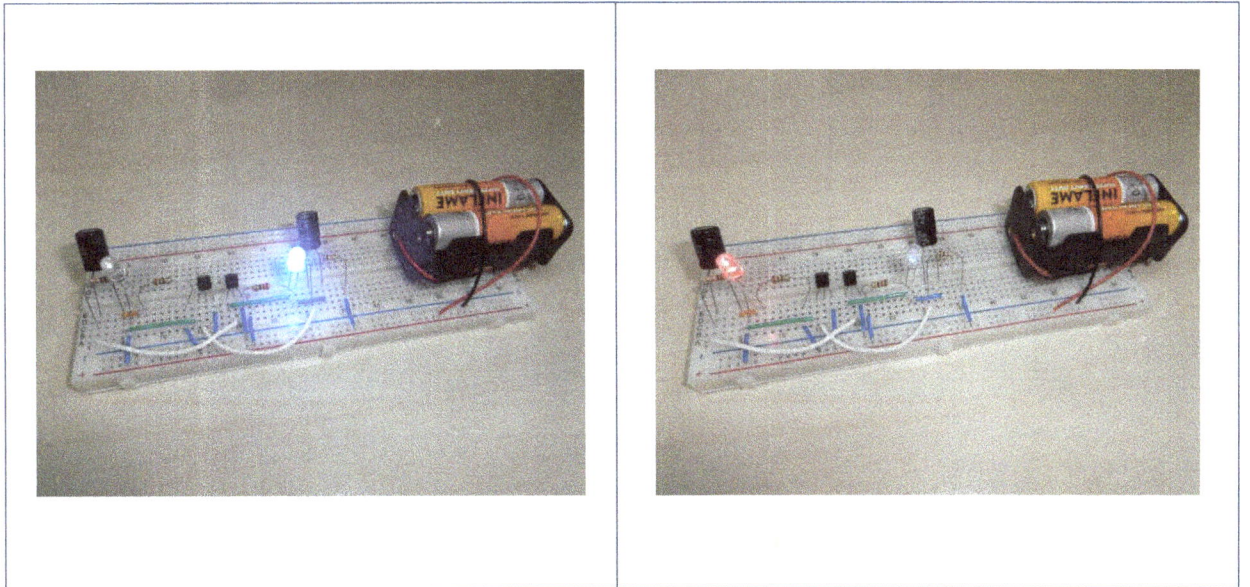

Şematik gösterimi

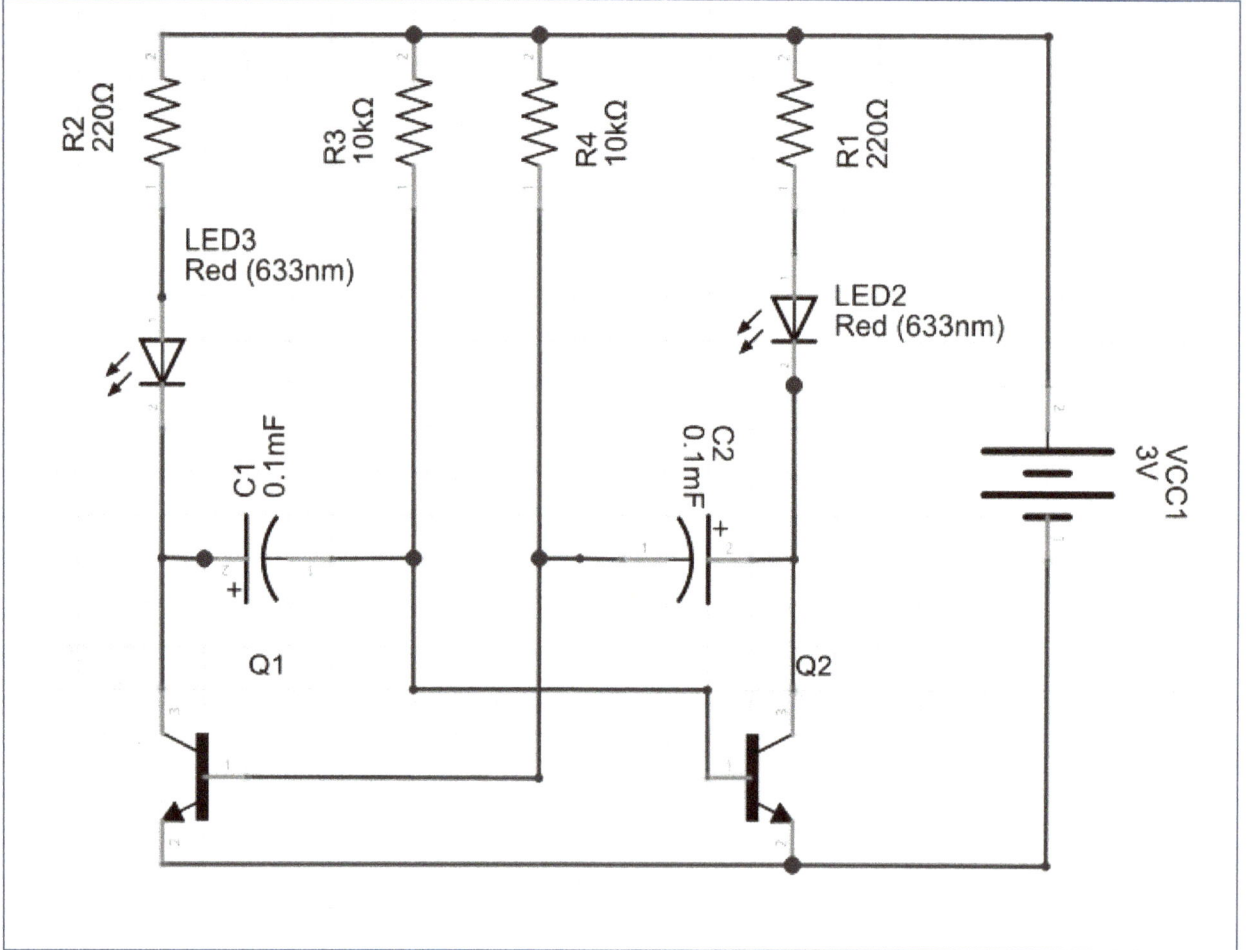

3. Entegreli (Çipli) Devreler

Proje 9 – Melodi Devresi

Amaç

- Devre çalıştırıldığında, hoparlörden sürekli olarak çalan bir melodi duyulur.

Uyarılar

- <u>**UM66 transistöre çok benzemesine rağmen bir melodi entegre devresidir.**</u>
- <u>**UM66 ile BC547 birbirine karıştırılmamalıdır.**</u>
- Transistörün (BC547) bacak bağlantılarına dikkat edilmesi gerekmektedir.
- UM66'nın bacak bağlantılarına dikkat edilmesi gerekmektedir.
- Güç kaynağını (Pil/Piller) en son bağlayınız.
- Tüm bağlantıların doğru yapıldığından öncelikle emin olunuz.
- Pillerin kutuplarının doğru bağlandığından emin olunuz.
- Isınan bir bileşen var ise güç kaynağını hemen çekiniz. Devreyi tekrar kontrol ediniz.
- Projenizi yaparken, **devre tahtası görünümünün** yanı sıra **şematik gösterimden** de faydalanınız.

Kullanılacak olan malzemeler listesi

Elektronik Bileşen Adı	Türü/Değeri	Miktar
Direnç	1 K Ohm	1 adet
Direnç	220 Ohm	2 adet
Kondansatör	100 nano farad	1 adet
Entegre Devre	UM66	1 adet
Transistör	NPN (BC547)	1 adet
Piezo Hoparlör	Piezo Speaker	1 adet
Güç kaynağı	(4 Kalem Pil) 6 Volt	1 adet

Devre tahtasından görünümü

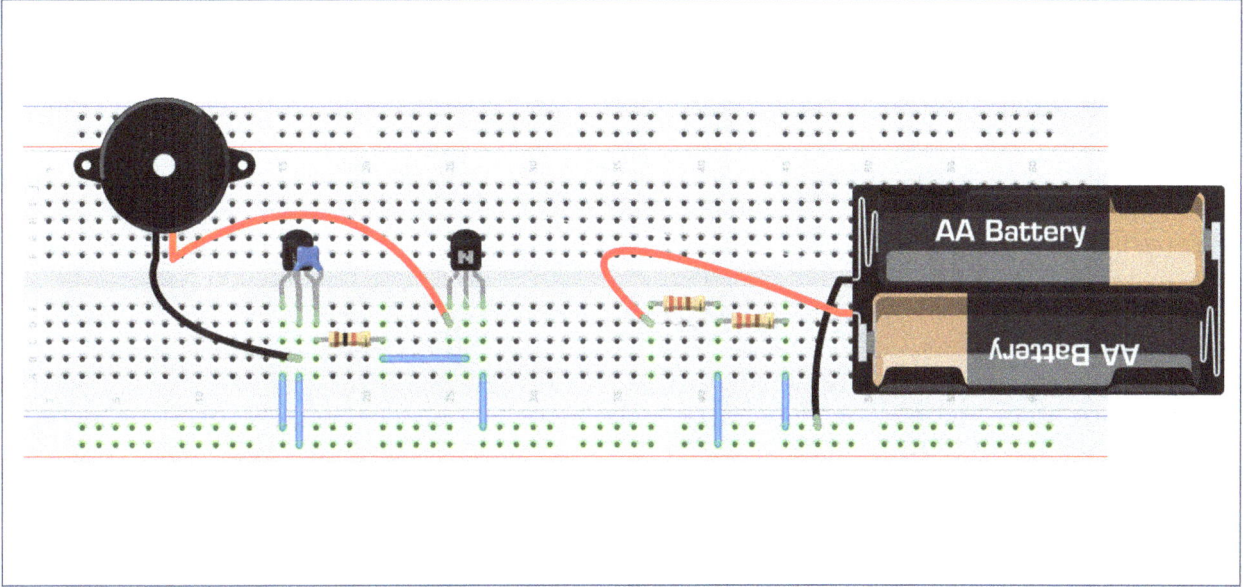

Devre tahtasının fotoğrafı

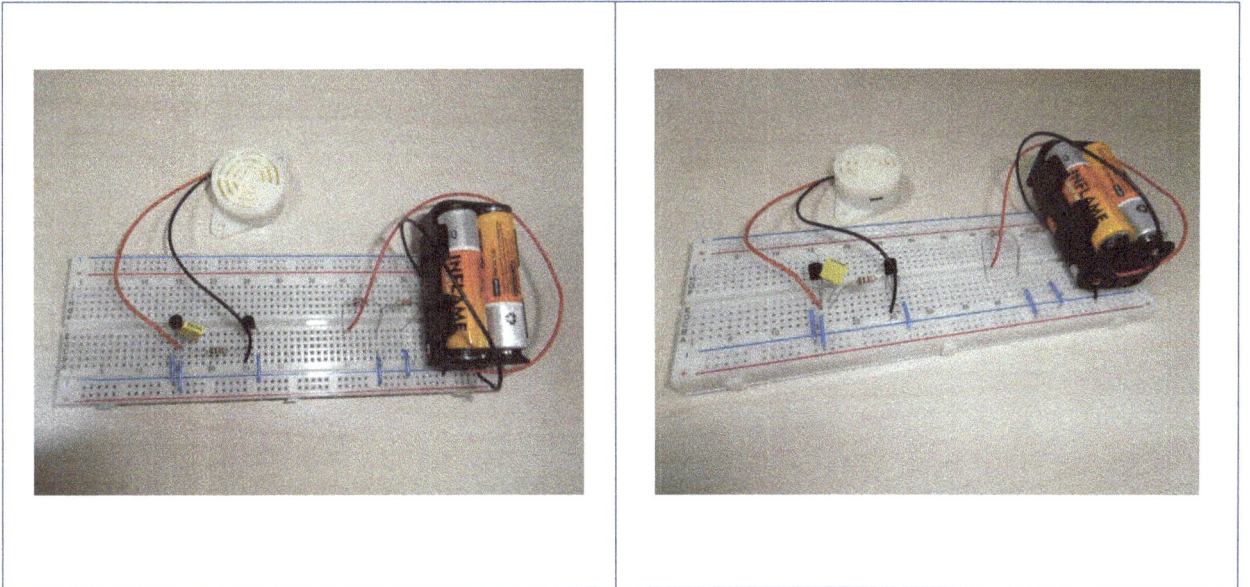

Şematik gösterimi

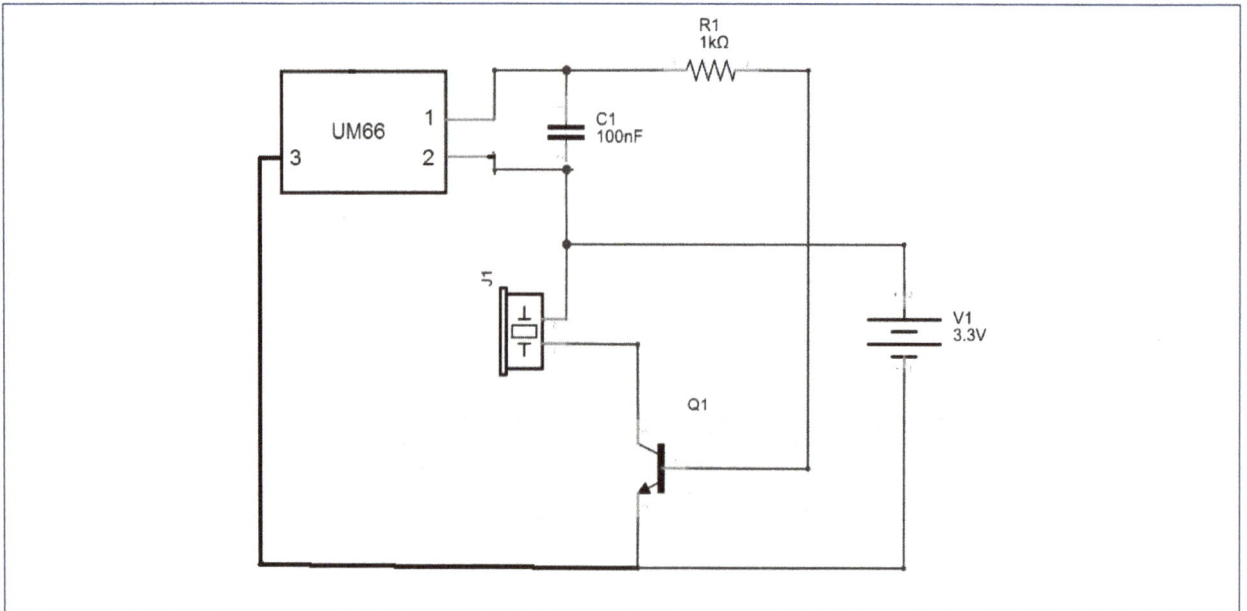

Proje 10 – Su Taşma Alarmı

Amaç

- Su seviyesi algılayıcı iki tele kadar yükseldiğinde, piezo hoparlörden sürekli olarak çalan bir melodi duyulur.

Uyarılar

- **UM66 transistöre çok benzemesine rağmen bir melodi entegre devresidir.**
- **UM66 ile BC547 birbirine karıştırılmamalıdır.**
- Transistörlerin (BC547) bacak bağlantılarına dikkat edilmesi gerekmektedir.
- UM66'nın bacak bağlantılarına dikkat edilmesi gerekmektedir.

- Güç kaynağını (Pil/Piller) en son bağlayınız.
- Tüm bağlantıların doğru yapıldığından öncelikle emin olunuz.
- Pillerin kutuplarının doğru bağlandığından emin olunuz.
- Isınan bir bileşen var ise güç kaynağını hemen çekiniz. Devreyi tekrar kontrol ediniz.
- Projenizi yaparken, **devre tahtası görünümünün** yanı sıra **şematik gösterimden** de faydalanınız.

Kullanılacak olan malzemeler listesi

Elektronik Bileşen Adı	Türü/Değeri	Miktar
Direnç	1 K Ohm	2 adet
Direnç	4.7 K Ohm	1 adet
Direnç	220 Ohm	1 adet
Kondansatör	100 nano farad	1 adet
Entegre Devre	UM66	1 adet
Transistör	NPN (BC547)	3 adet
Piezo Hoparlör	Piezo Speaker	1 adet
Güç kaynağı	(4 Kalem Pil) 6 Volt	1 adet

Devre tahtasından görünümü

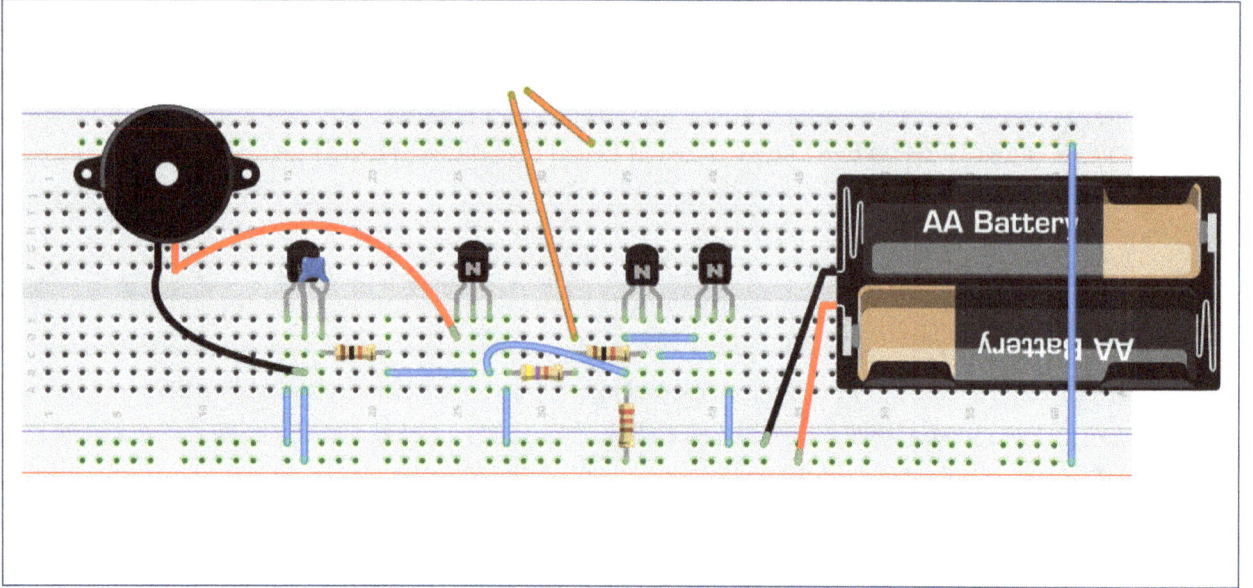

Devre tahtasının fotoğrafı

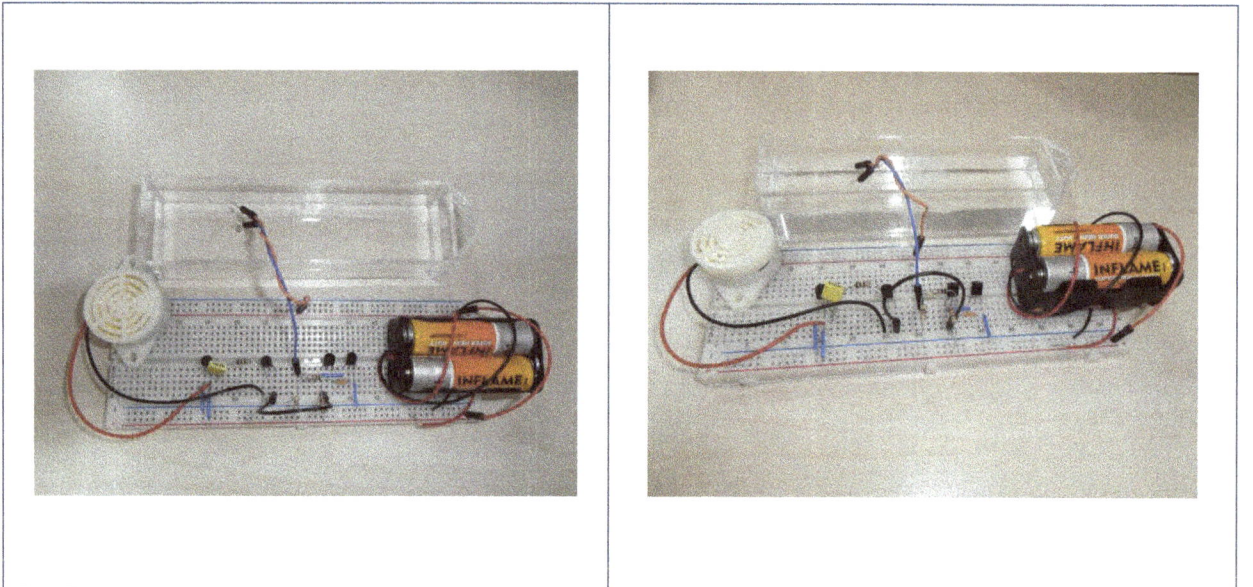

Şematik gösterimi

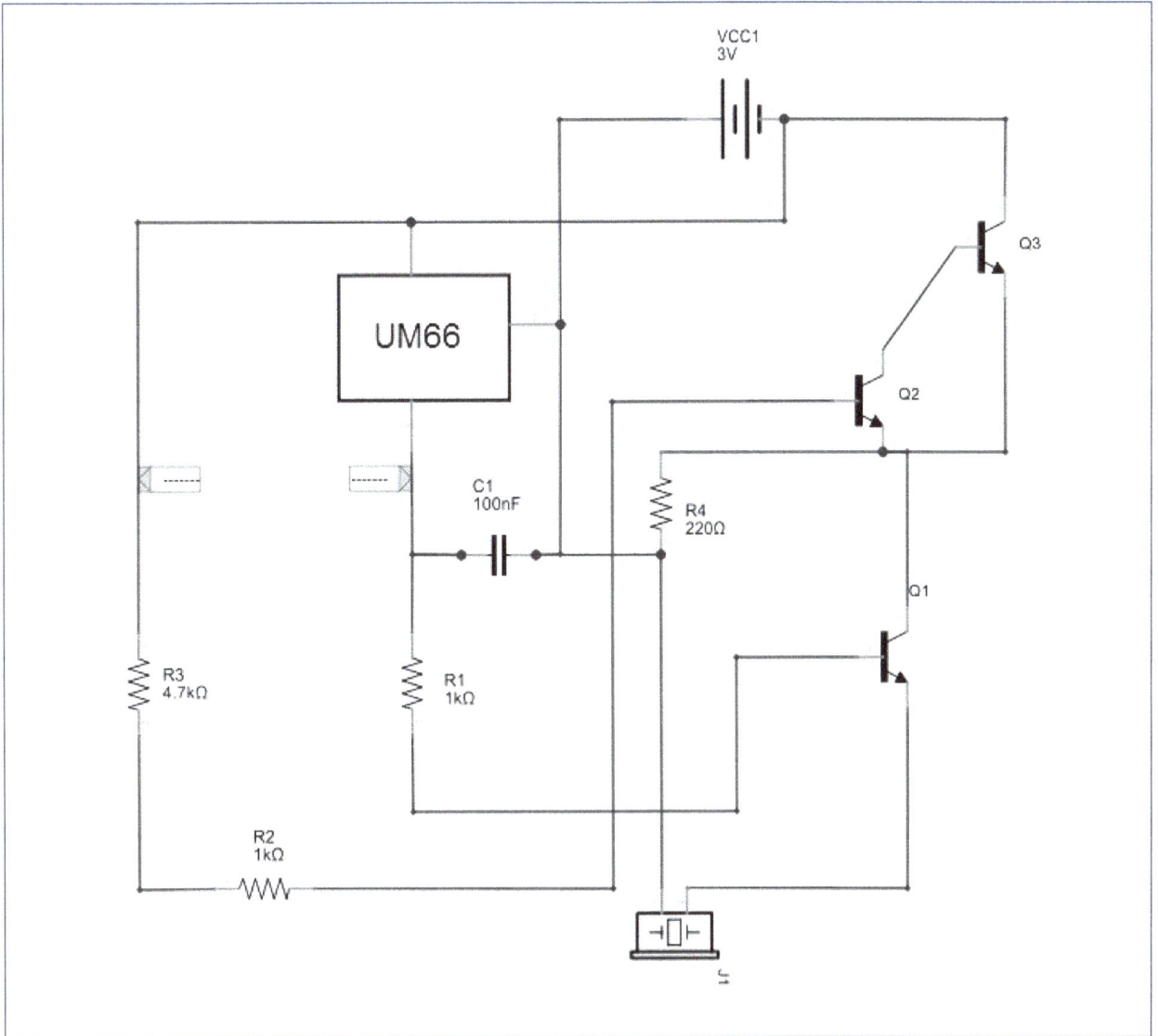

Proje 11 – Işığa Duyarlı Melodili Alarm

Amaç

- Ortamda ışığın olup olmamasına göre, piezo hoparlörden sürekli olarak çalan bir melodi duyulur.

Uyarılar

- **UM66 transistöre çok benzemesine rağmen bir melodi entegre devresidir.**
- **UM66 ile BC547 birbirine karıştırılmamalıdır.**
- Transistörlerin (BC547) bacak bağlantılarına dikkat edilmesi gerekmektedir.
- UM66'nın bacak bağlantılarına dikkat edilmesi gerekmektedir.

- Güç kaynağını (Pil/Piller) en son bağlayınız.
- Tüm bağlantıların doğru yapıldığından öncelikle emin olunuz.
- Pillerin kutuplarının doğru bağlandığından emin olunuz.
- Isınan bir bileşen var ise güç kaynağını hemen çekiniz. Devreyi tekrar kontrol ediniz.
- Projenizi yaparken, **devre tahtası görünümünün** yanı sıra **şematik gösterimden** de faydalanınız.

Kullanılacak olan malzemeler listesi

Elektronik Bileşen Adı	Türü/Değeri	Miktar
Direnç	1 K Ohm	2 adet
Direnç	4.7 K Ohm	1 adet
Direnç	220 Ohm	1 adet
Kondansatör	100 nano farad	1 adet
Fotodirenç	LDR	1 adet
Entegre Devre	UM66	1 adet
Transistör	NPN (BC547)	3 adet
Piezo Hoparlör	Piezo Speaker	1 adet
Güç kaynağı	(4 Kalem Pil) 6 Volt	1 adet

Devre tahtasından görünümü

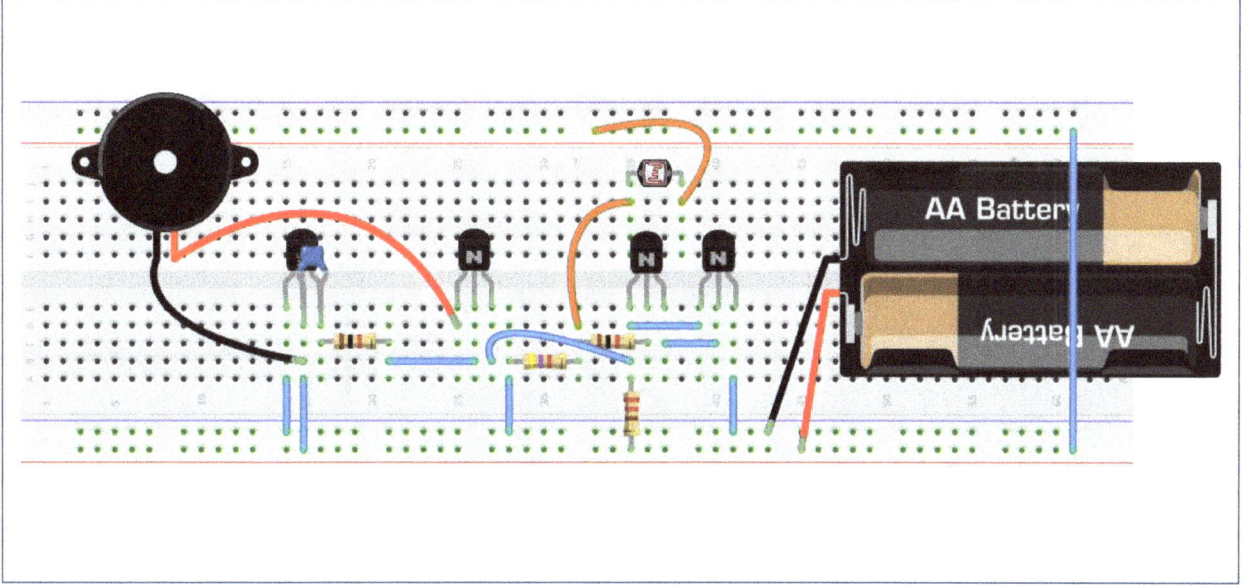

Devre tahtasının fotoğrafı

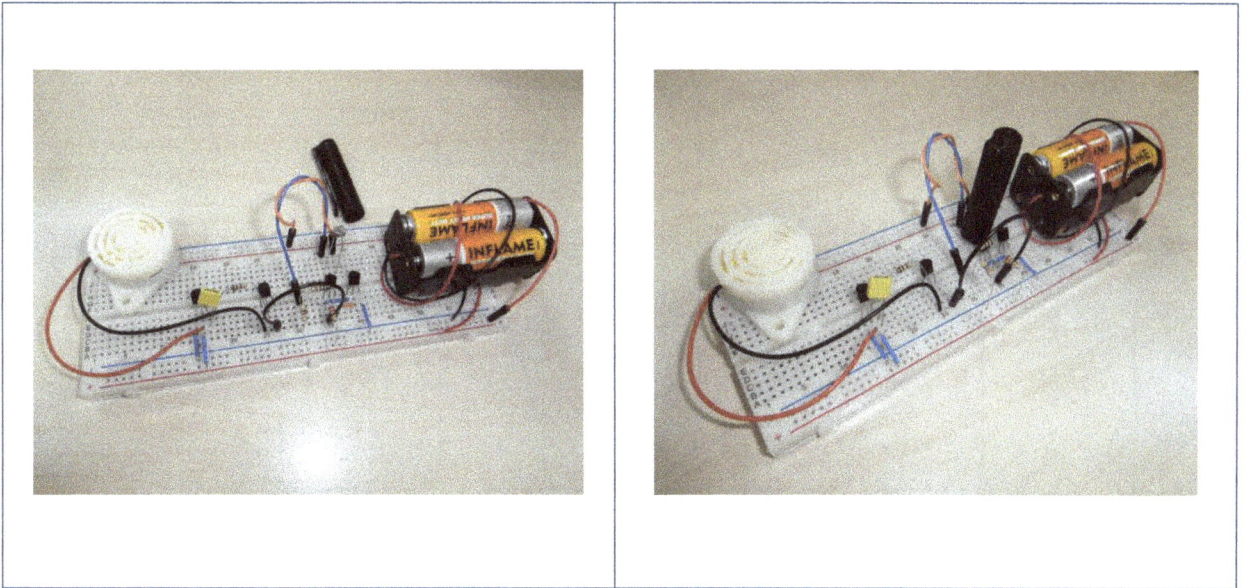

Şematik gösterimi

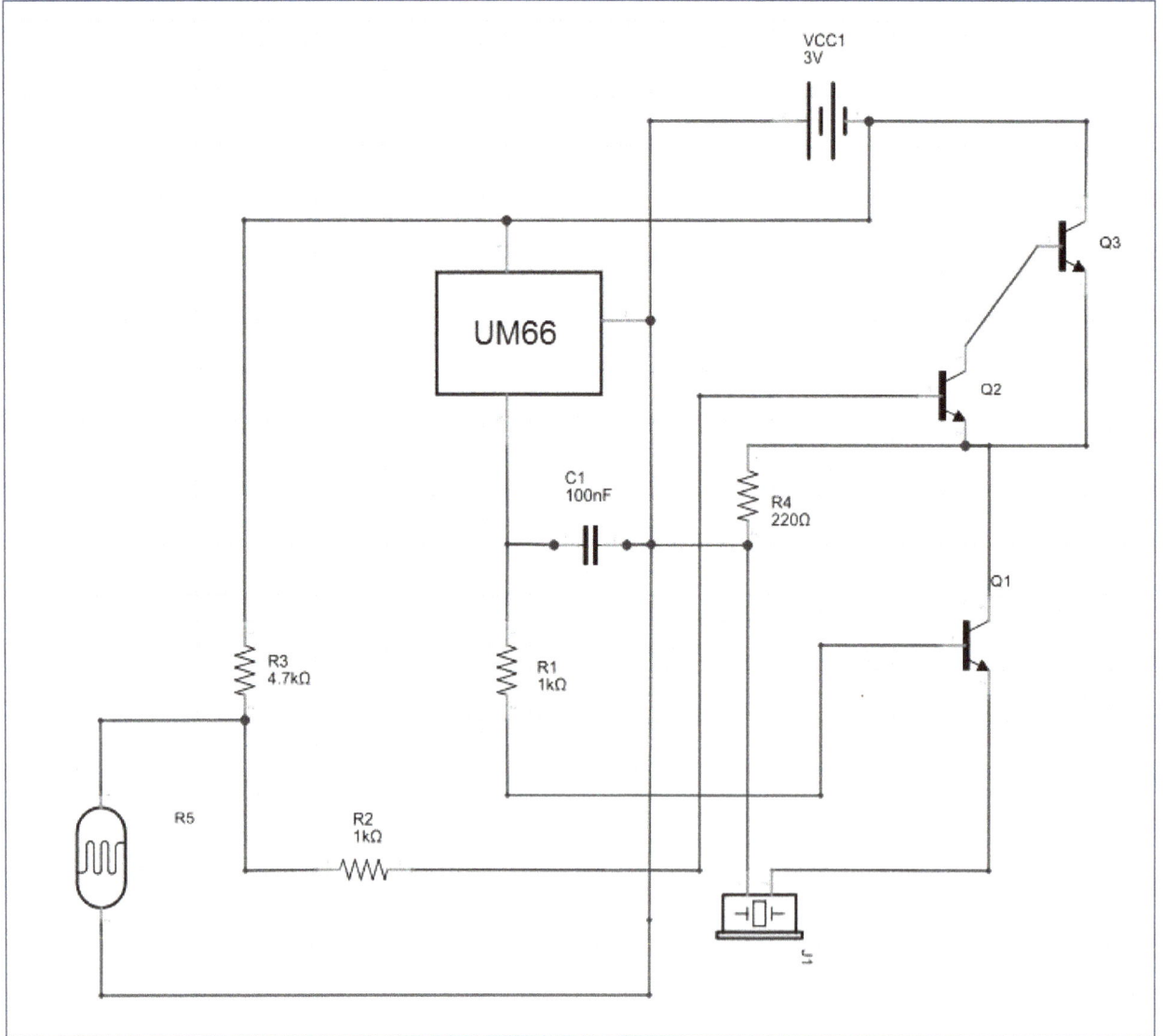

Proje 12 – Dokunmatik Melodili Alarm

Amaç

- Yan yana birbirine yakın duran tellere parmak ucu ile dokunulduğunda, piezo hoparlörden sürekli olarak çalan bir melodi duyulur.

Uyarılar

- **UM66 transistöre çok benzemesine rağmen bir melodi entegre devresidir.**
- **UM66 ile BC547 birbirine karıştırılmamalıdır.**
- Transistörlerin (BC547) bacak bağlantılarına dikkat edilmesi gerekmektedir.
- UM66'nın bacak bağlantılarına dikkat edilmesi gerekmektedir.
- Güç kaynağını (Pil/Piller) en son bağlayınız.
- Tüm bağlantıların doğru yapıldığından öncelikle emin olunuz.
- Pillerin kutuplarının doğru bağlandığından emin olunuz.
- Isınan bir bileşen var ise güç kaynağını hemen çekiniz. Devreyi tekrar kontrol ediniz.
- Projenizi yaparken, **devre tahtası görünümünün** yanı sıra **şematik gösterimden** de faydalanınız.

Kullanılacak olan malzemeler listesi

Elektronik Bileşen Adı	Türü/Değeri	Miktar
Direnç	1 K Ohm	2 adet
Direnç	4.7 K Ohm	1 adet
Kondansatör	100 nano farad	1 adet
Entegre Devre	UM66	1 adet
Transistör	NPN (BC547)	3 adet
Piezo Hoparlör	Piezo Speaker	1 adet
Güç kaynağı	(4 Kalem Pil) 6 Volt	1 adet

Devre tahtasından görünümü

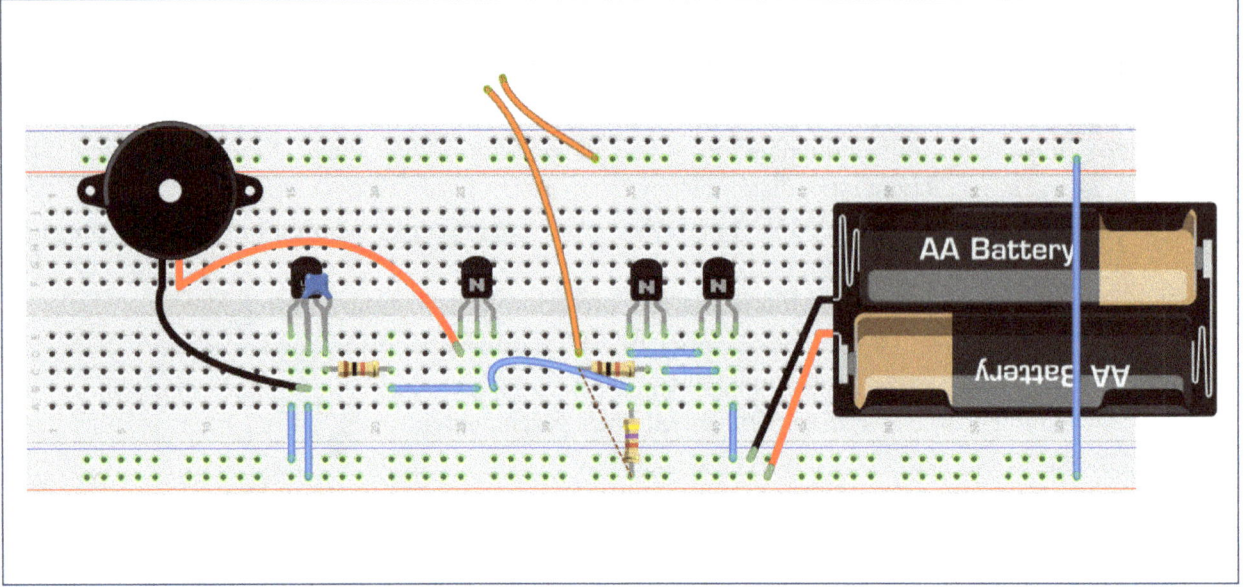

Devre tahtasının fotoğrafı

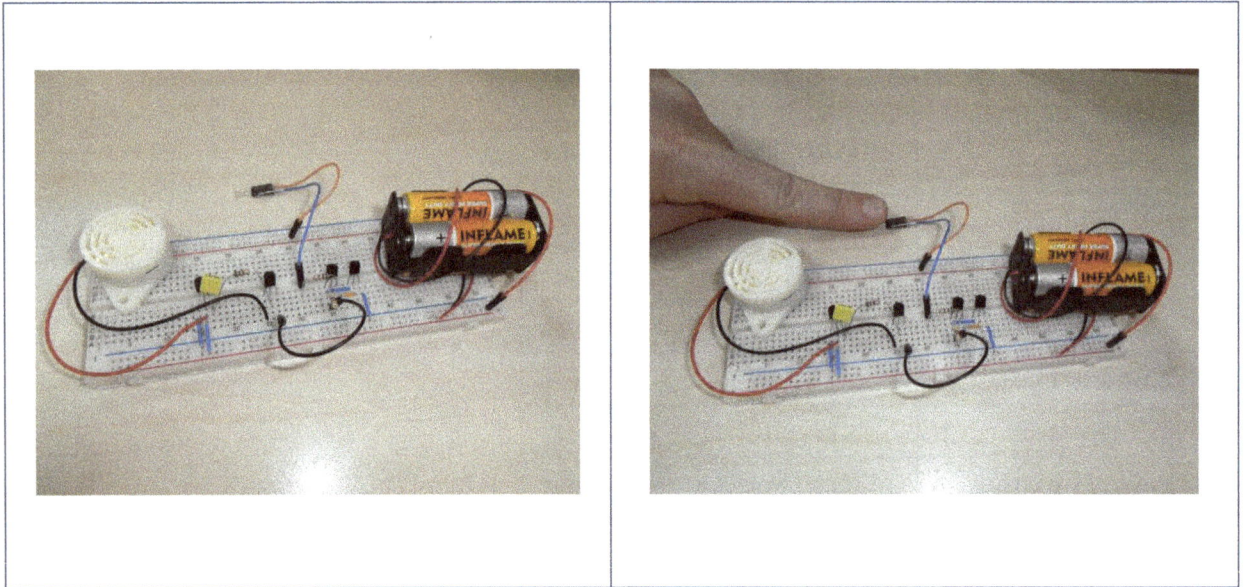

96

Şematik gösterimi

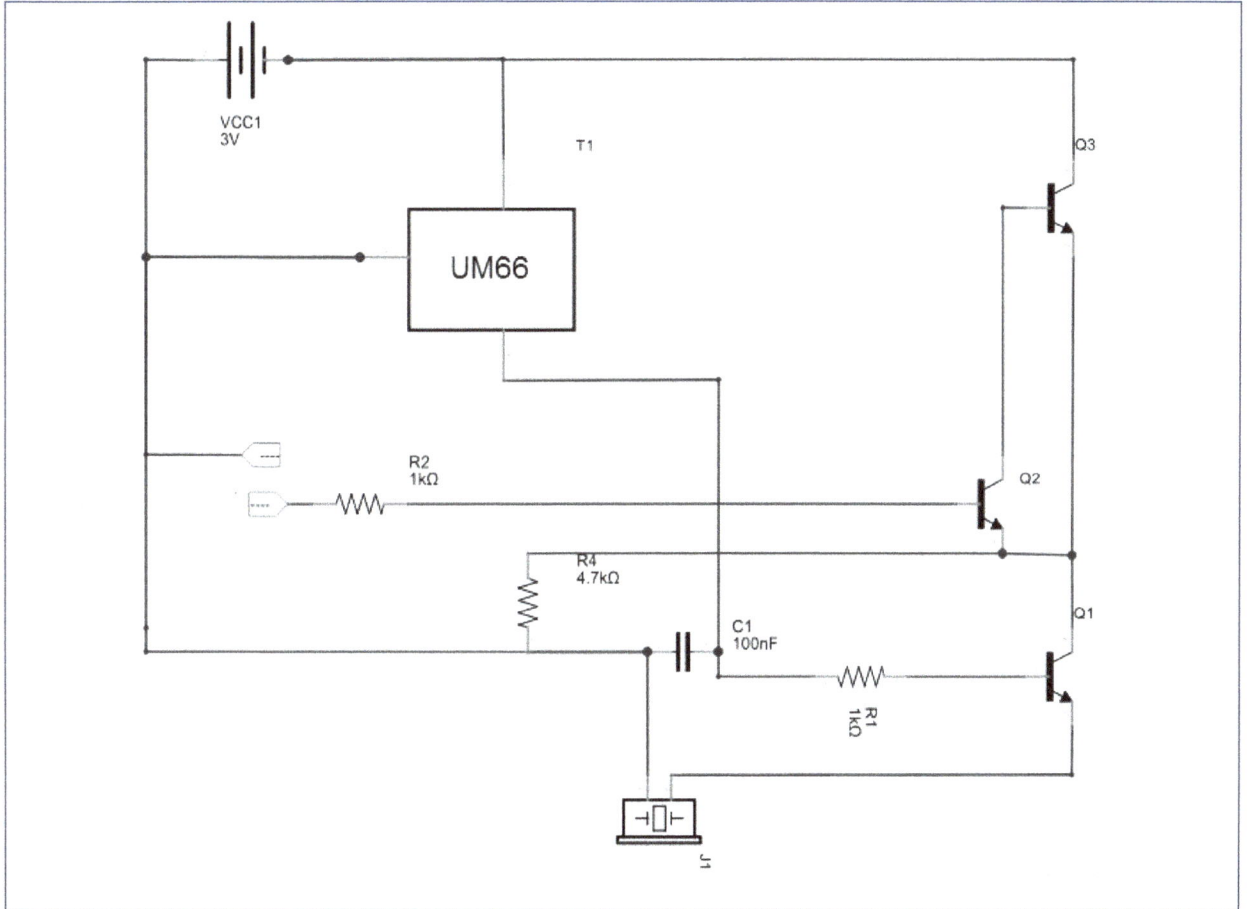

Proje 13 – Mini Piyano (4 tuşlu)

Amaç

- Her bir tuş farklı frekansta, tizden basa doğru, ayrı sesler verir.

Uyarılar

- 555 Entegre devrenin yönünü doğru bağlandığınızdan emin olunuz.
- Hoparlör bağlantısını krokodil kablolar ve atlama kablolarını bir arada kullanarak sağlayınız.
- Güç kaynağını (Pil/Piller) en son bağlayınız.
- Tüm bağlantıların doğru yapıldığından öncelikle emin olunuz.
- Kondansatörlerin kutuplarını doğru yönde bağladığınızdan emin olunuz.
- Isınan bir bileşen var ise güç kaynağını hemen çekiniz. Devreyi tekrar kontrol ediniz.
- Projenizi yaparken, **devre tahtası görünümünün** yanı sıra **şematik gösterimden** de faydalanınız.

Kullanılacak olan malzemeler listesi

Elektronik Bileşen Adı	Türü/Değeri	Miktar
Entegre	555 Entegre Devresi	1 adet
Direnç	1 K Ohm	2 adet
Direnç	4.7 K Ohm	1 adet
Direnç	10 K Ohm	1 adet
Direnç	15 K Ohm	1 adet
Kondansatör	1 mikro farad	1 adet
Kondansatör	100 mikro farad	1 adet
Buton	Tuşlu buton	4 adet
Hoparlör	8 Ohm, 0.5 Watt	1 adet
Güç kaynağı	(4 Kalem Pil) 6 Volt	1 adet

Devre tahtasından görünümü

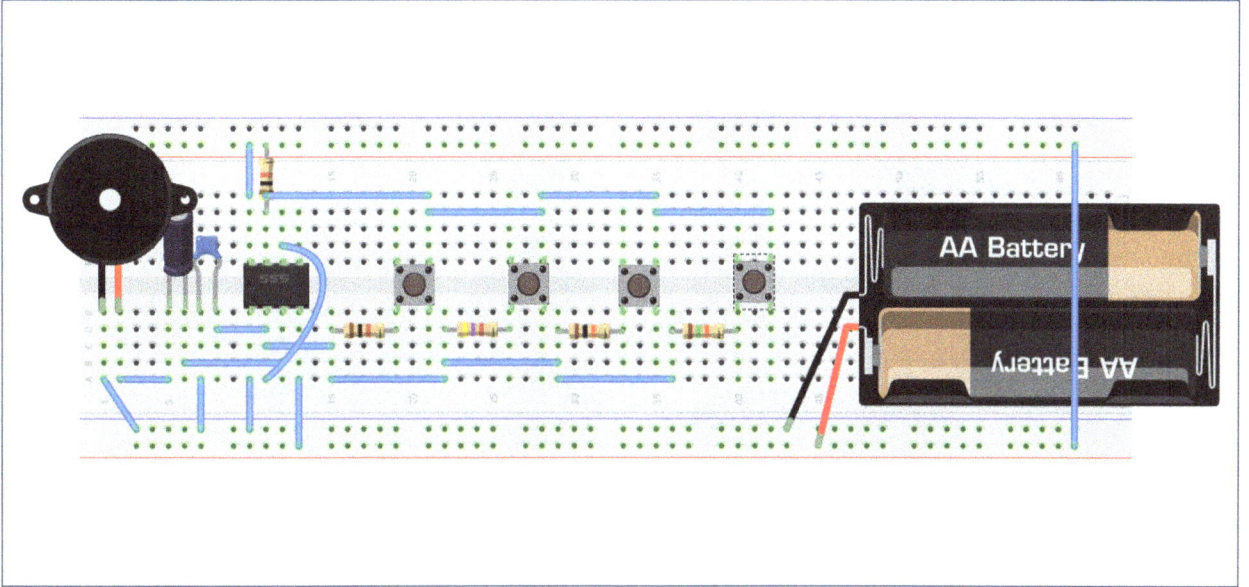

Devre tahtasının fotoğrafı

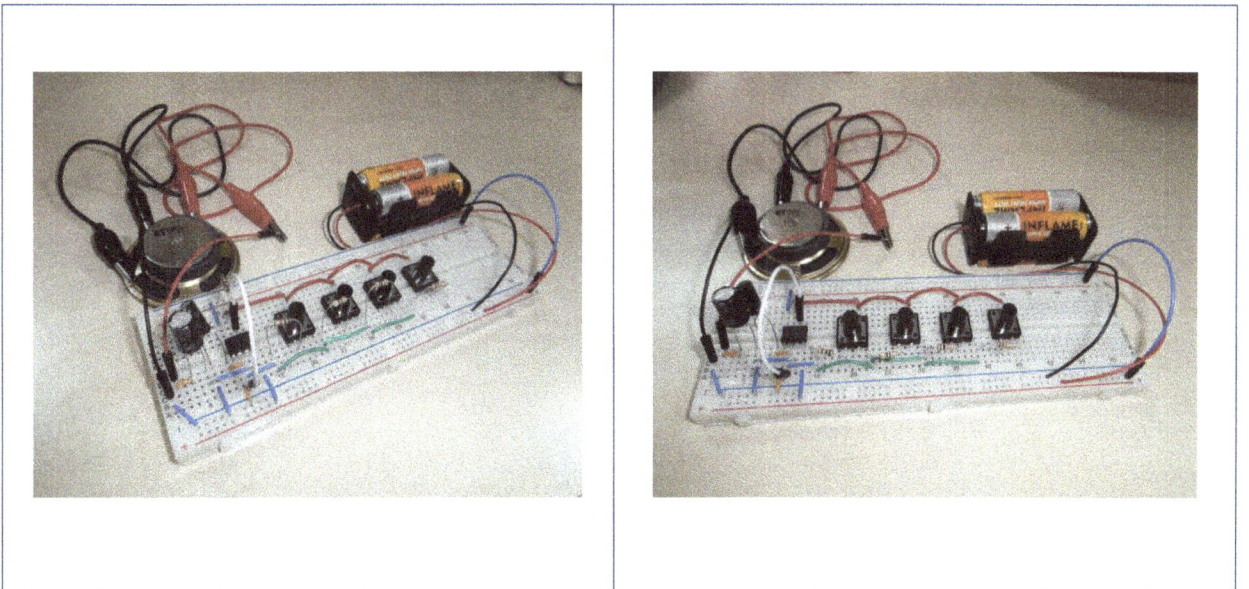

Şematik gösterimi

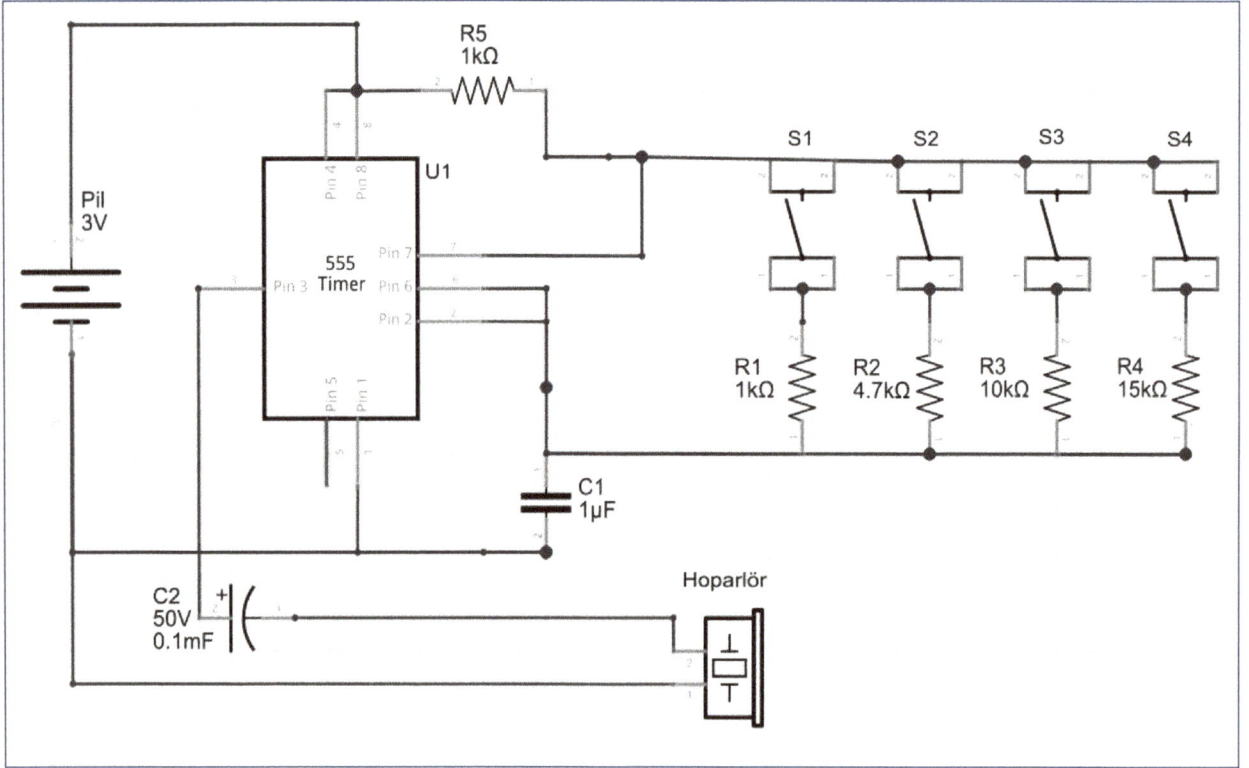

Proje 14 – Işığa Duyarlı Siren Sesi

Amaç

- Foto direnç üzerindeki ışık miktarına göre farklı tonlarda ses çıkar.
- Hoparlörden, çok aydınlıkta çok tiz bir ses, karanlıkta ise daha bas bir ses çıkar.

Uyarılar

- 555 Entegre devrenin yönünü doğru bağlandığınızdan emin olunuz.
- Güç kaynağını (Pil/Piller) en son bağlayınız.
- Tüm bağlantıların doğru yapıldığından öncelikle emin olunuz.
- Kondansatörlerin kutuplarını doğru yönde bağladığınızdan emin olunuz.
- Isınan bir bileşen var ise güç kaynağını hemen çekiniz. Devreyi tekrar kontrol ediniz.
- Projenizi yaparken, **devre tahtası görünümünün** yanı sıra **şematik gösterimden** de faydalanınız.

Kullanılacak olan malzemeler listesi

Elektronik Bileşen Adı	Türü/Değeri	Miktar
Entegre	555 Entegre Devresi	1 adet
Direnç	1 K Ohm	1 adet
Kondansatör	1 mikro farad	1 adet
Kondansatör	100 mikro farad	1 adet
Foto direnç (LDR)	LDR	1 adet
Hoparlör	8 Ohm, 0.5 Watt	1 adet
Güç kaynağı	(4 Kalem Pil) 6 Volt	1 adet

Devre tahtasından görünümü

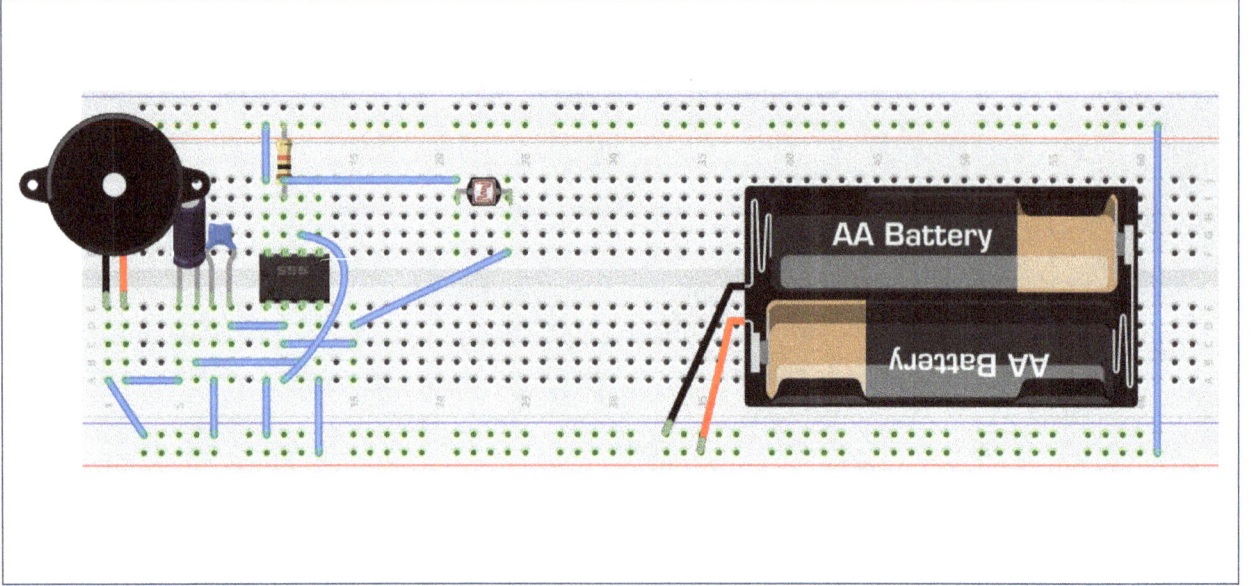

Devre tahtasının fotoğrafı

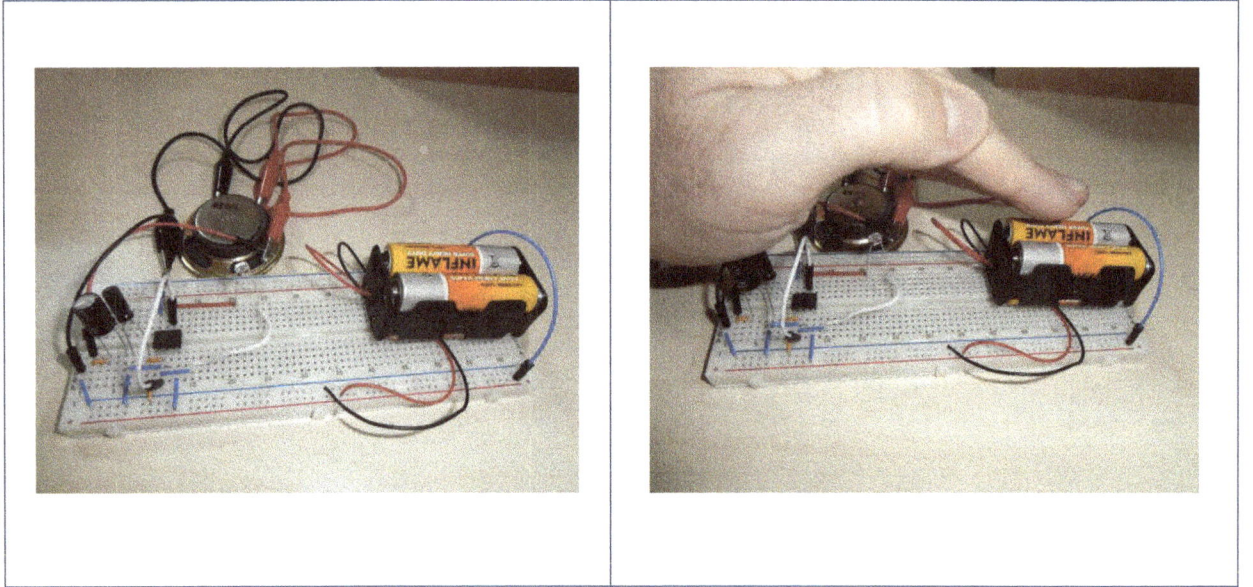

Şematik gösterimi

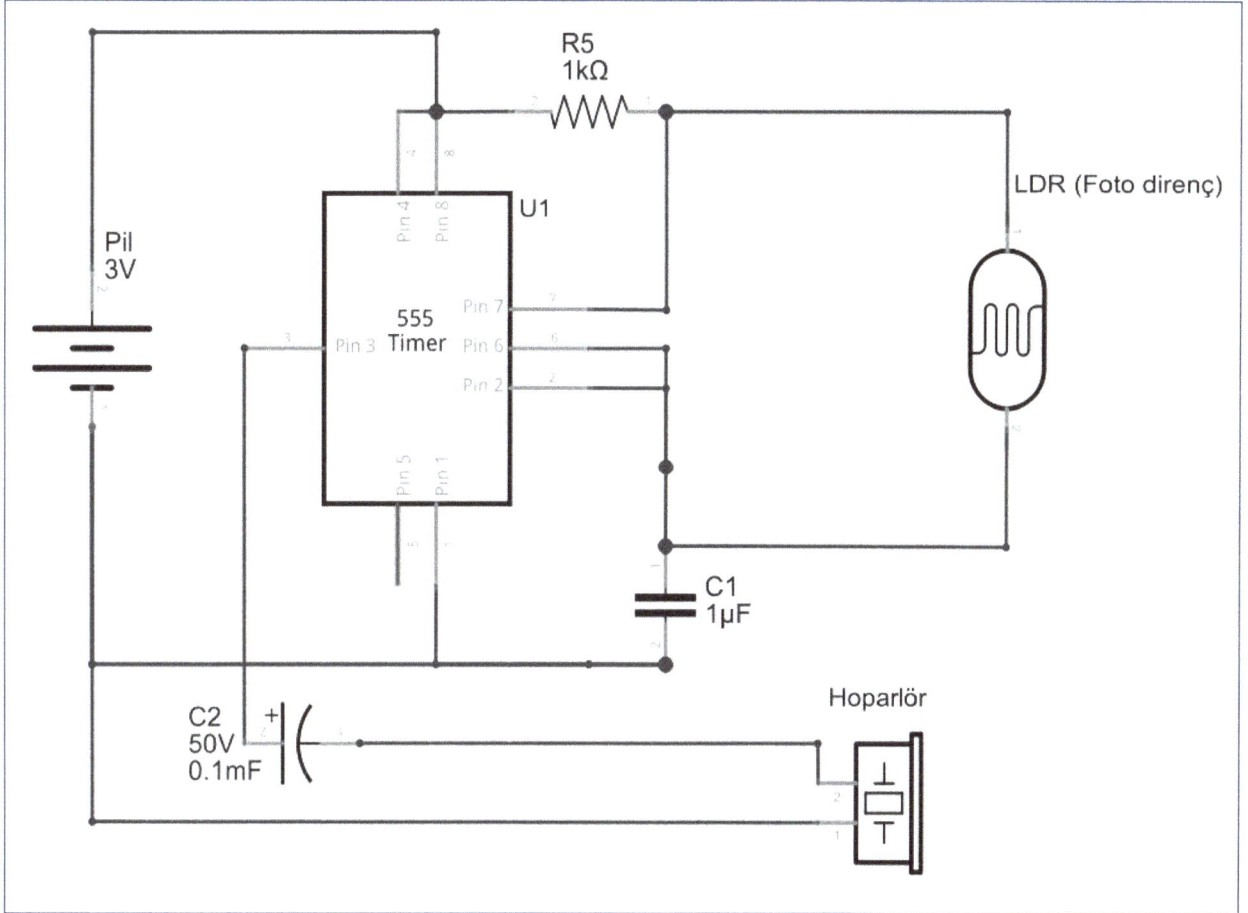

R5
1kΩ

LDR (Foto direnç)

Pil
3V

U1

555
Timer

Pin 4
Pin 8
Pin 3
Pin 7
Pin 6
Pin 2
Pin 5
Pin 1

C1
1µF

C2
50V
0.1mF

Hoparlör

Proje 15 – Dokunmatik Anahtar

Amaç

- Yan yana duran algılayıcı iki tele parmak ucu ile dokunulduğunda LED ışığı yanar.

Uyarılar

- 555 Entegre devrenin yönünü doğru bağlandığınızdan emin olunuz.
- Güç kaynağını (Pil/Piller) en son bağlayınız.
- Tüm bağlantıların doğru yapıldığından öncelikle emin olunuz.
- LED'in kutuplarının doğru yönde bağlandığından emin olunuz.
- Pillerin kutuplarının doğru bağlandığından emin olunuz.
- Isınan bir bileşen var ise güç kaynağını hemen çekiniz. Devreyi tekrar kontrol ediniz.
- Projenizi yaparken, **devre tahtası görünümünün** yanı sıra **şematik gösterimden** de faydalanınız.

Kullanılacak olan malzemeler listesi

Elektronik Bileşen Adı	Türü/Değeri	Miktar
Entegre	555 Entegre Devresi	1 adet
Direnç	1 Mega Ohm	1 adet
Direnç	33 K Ohm	1 adet
Direnç	220 Ohm	1 adet
Kondansatör	1 mikro farad	1 adet
Kondansatör	100 mikro farad	1 adet
LED	Mavi LED	1 adet
Transistör	NPN (BC547)	1 adet
Güç kaynağı	(4 Kalem Pil) 6 Volt	1 adet

Devre tahtasından görünümü

Devre tahtasının fotoğrafı

Şematik gösterimi

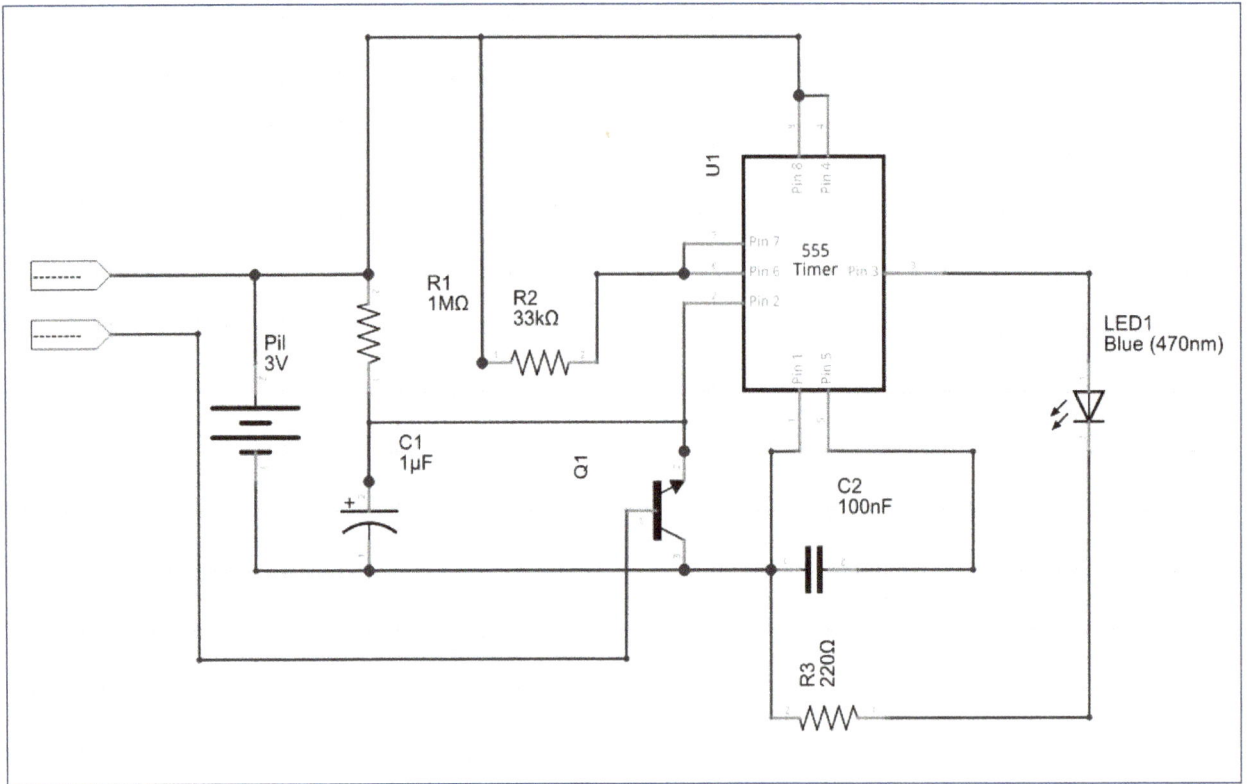

R1
1MΩ

R2
33kΩ

Pil
3V

C1
1µF

Q1

U1

555
Timer

Pin 7
Pin 6
Pin 2

Pin 8
Pin 4

Pin 3

Pin 1
Pin 5

LED1
Blue (470nm)

C2
100nF

R3
220Ω

Proje 16 – Zamanlayıcı

Amaç

- Butonun düğmesine basıldığında LED ışığı belli bir süre boyunca yanmaya devam eder.

Uyarılar

- 555 Entegre devrenin yönünü doğru bağlandığınızdan emin olunuz.
- Güç kaynağını (Pil/Piller) en son bağlayınız.
- Tüm bağlantıların doğru yapıldığından öncelikle emin olunuz.
- LED'in kutuplarının doğru yönde bağlandığından emin olunuz.
- Pillerin kutuplarının doğru bağlandığından emin olunuz.
- Isınan bir bileşen var ise güç kaynağını hemen çekiniz. Devreyi tekrar kontrol ediniz.
- Projenizi yaparken, **devre tahtası görünümünün** yanı sıra **şematik gösterimden** de faydalanınız.

Kullanılacak olan malzemeler listesi

Elektronik Bileşen Adı	Türü/Değeri	Miktar
Entegre	555 Entegre Devresi	1 adet
Direnç	1 Mega Ohm	1 adet
Direnç	33 K Ohm	1 adet
Direnç	220 Ohm	1 adet
Kondansatör	1 mikro farad	1 adet
Kondansatör	100 nano farad	1 adet
Transistör	NPN (BC547)	1 adet
LED	Mavi LED	1 adet
Buton	Tuşlu Buton	1 adet
Güç kaynağı	(4 Kalem Pil) 6 Volt	1 adet

Devre tahtasından görünümü

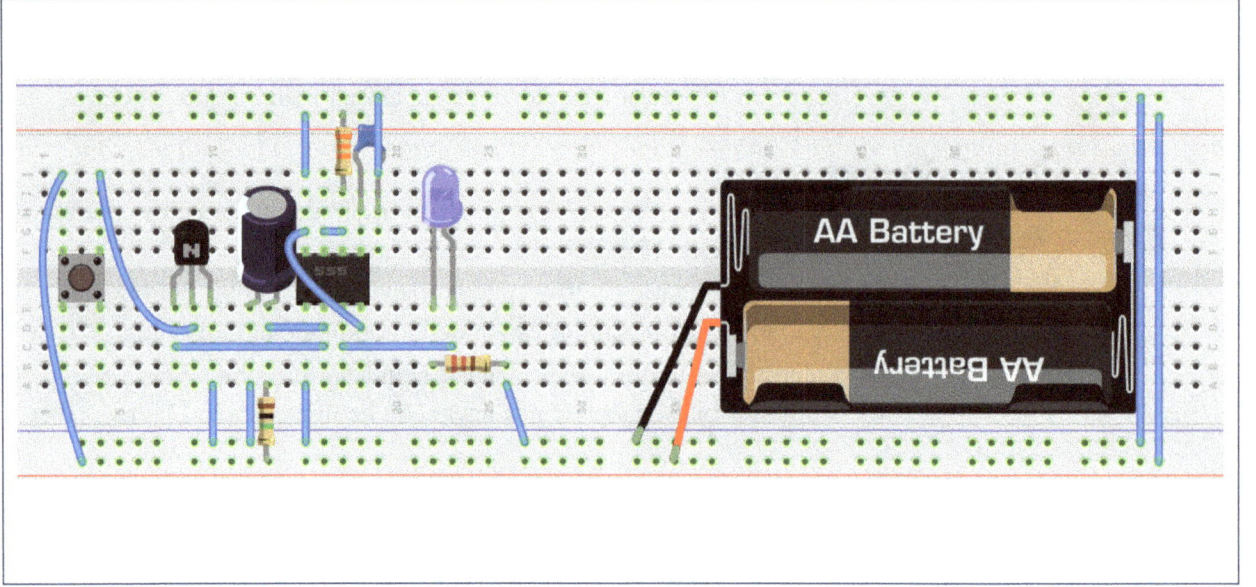

Devre tahtasının fotoğrafı

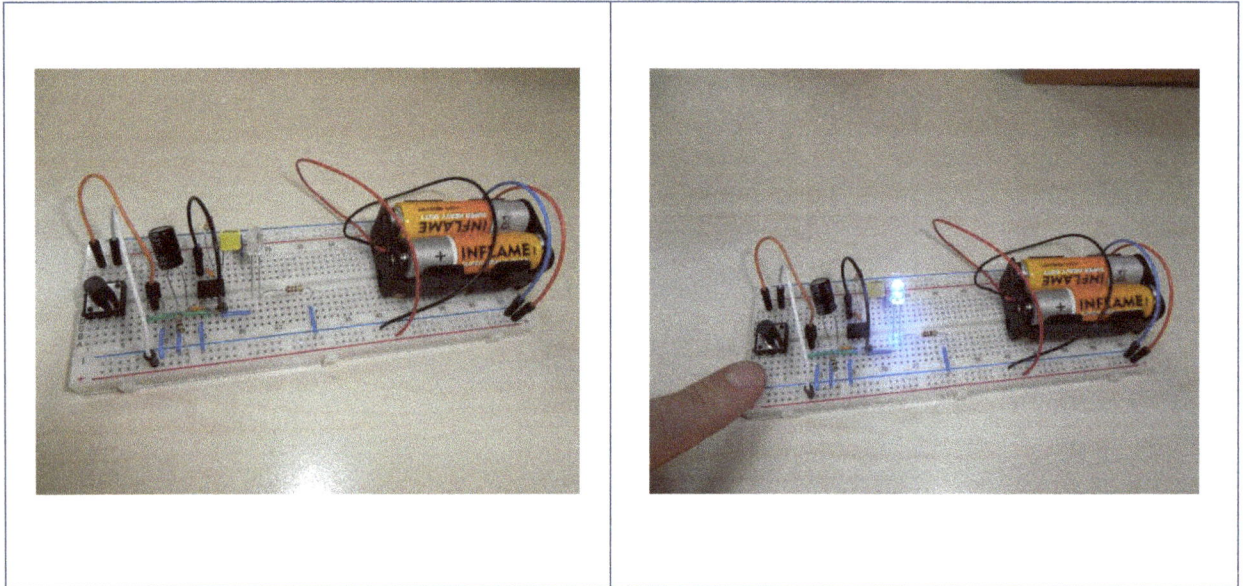

Şematik gösterimi

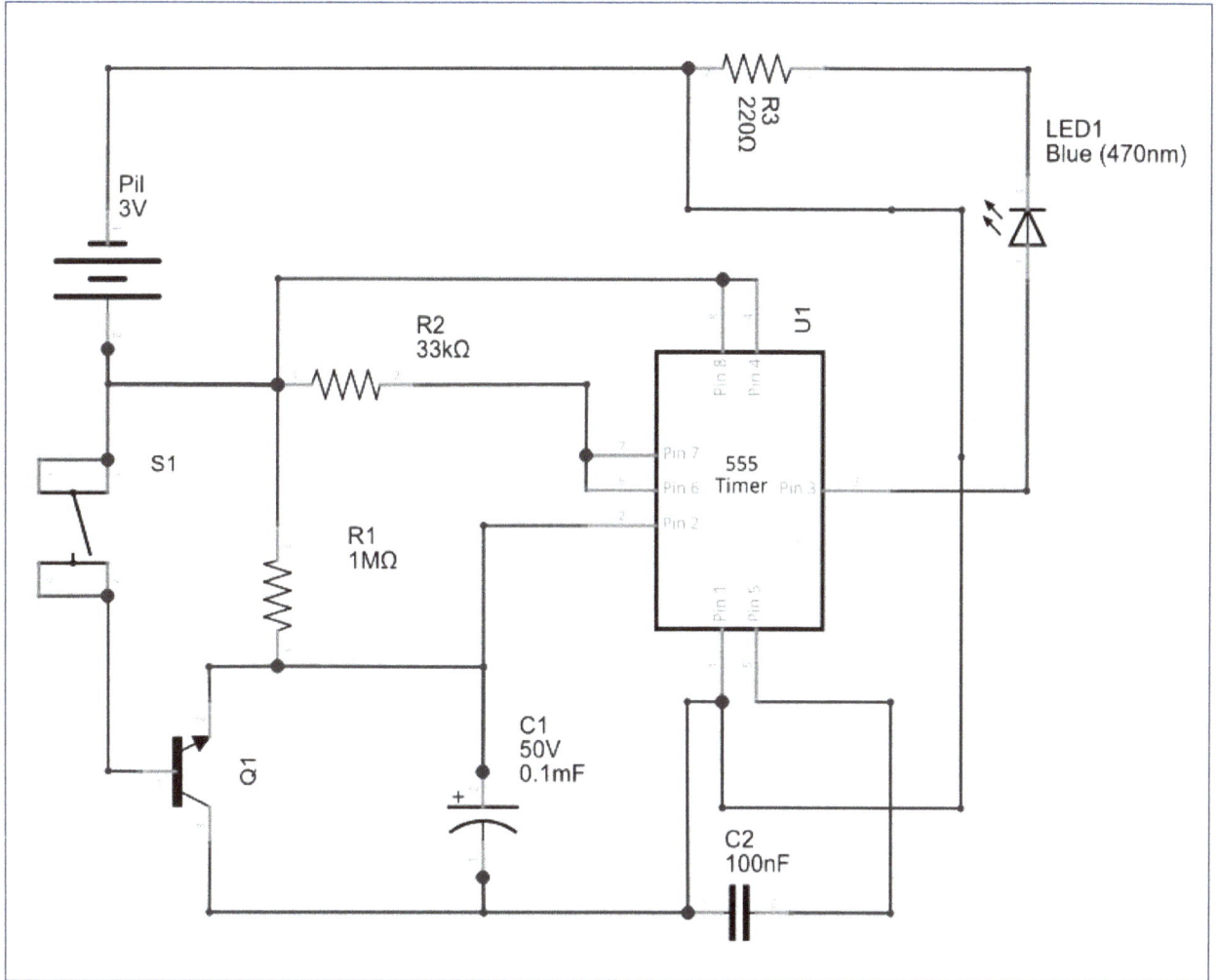

Pil
3V

R3
220Ω

LED1
Blue (470nm)

R2
33kΩ

S1

R1
1MΩ

Q1

555
Timer

Pin 8
Pin 4
Pin 7
Pin 6
Pin 2
Pin 1
Pin 5
Pin 3

U1

C1
50V
0.1mF

C2
100nF

Proje 17 – Sırayla Yanıp Sönen Işıklar

Amaç

- Bu devrede, devamlı olarak LEDler sırayla yanıp sönerler.
- Potansiyometre ile LEDlerin sırayla yanıp sönme hızı ayarlanır.

Uyarılar

- Entegre devrelerin yönlerini doğru olarak bağlayınız.
- Güç kaynağını (Pil/Piller) en son bağlayınız.
- Tüm bağlantıların doğru yapıldığından öncelikle emin olunuz.
- LED'in kutuplarının doğru yönde bağlandığından emin olunuz.
- Pillerin kutuplarının doğru bağlandığından emin olunuz.
- Isınan bir bileşen var ise güç kaynağını hemen çekiniz. Devreyi tekrar
kontrol ediniz.
- Projenizi yaparken, **devre tahtası görünümünün** yanı sıra **şematik gösterimden** de
faydalanınız.

Kullanılacak olan malzemeler listesi

Elektronik Bileşen Adı	Türü/Değeri	Miktar
Direnç	220 Ohm	8 adet
Direnç	4.7 K Ohm	1 adet
LED	Kırmızı LED	8 adet
Entegre Devre	555	1 adet
Entegre Devre	CD 4017	1 adet
Kondansatör	10 mikro farad	1 adet
Potansiyometre	100 K Ohm	1 adet
Güç kaynağı	(4 Kalem Pil) 6 Volt	1 adet

Devre tahtasından görünümü

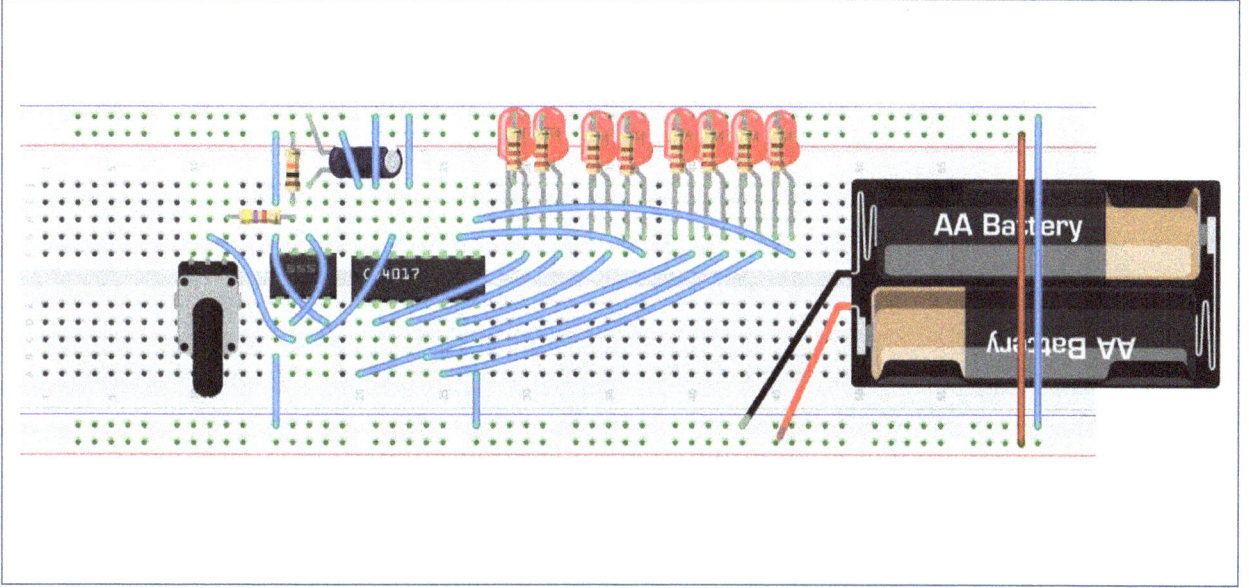

Devre tahtasının fotoğrafı

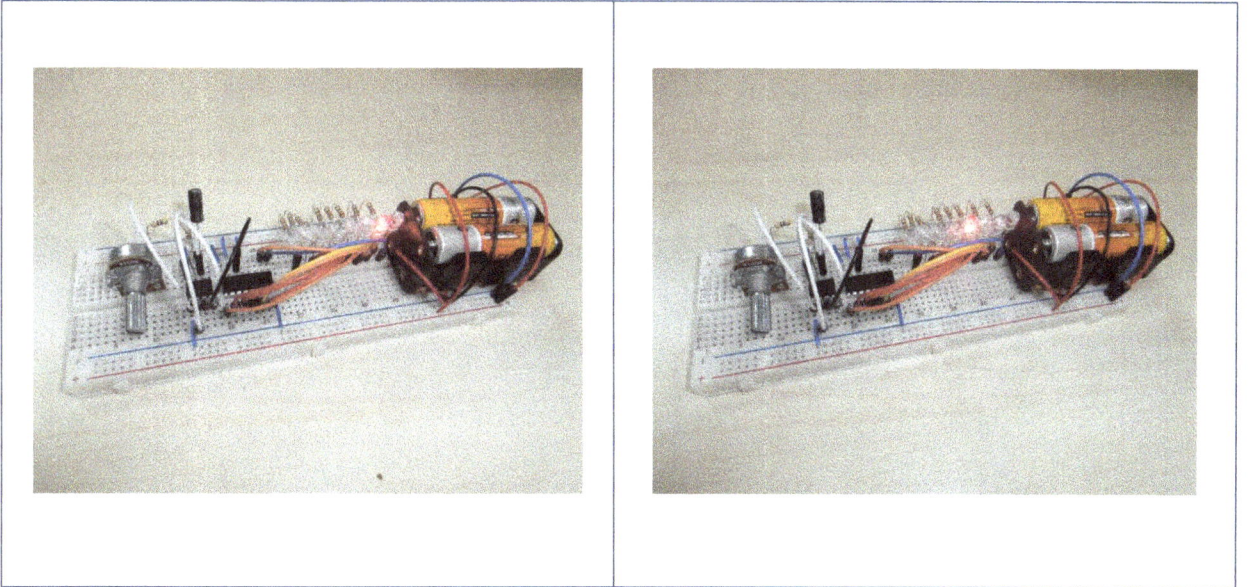

Şematik gösterimi

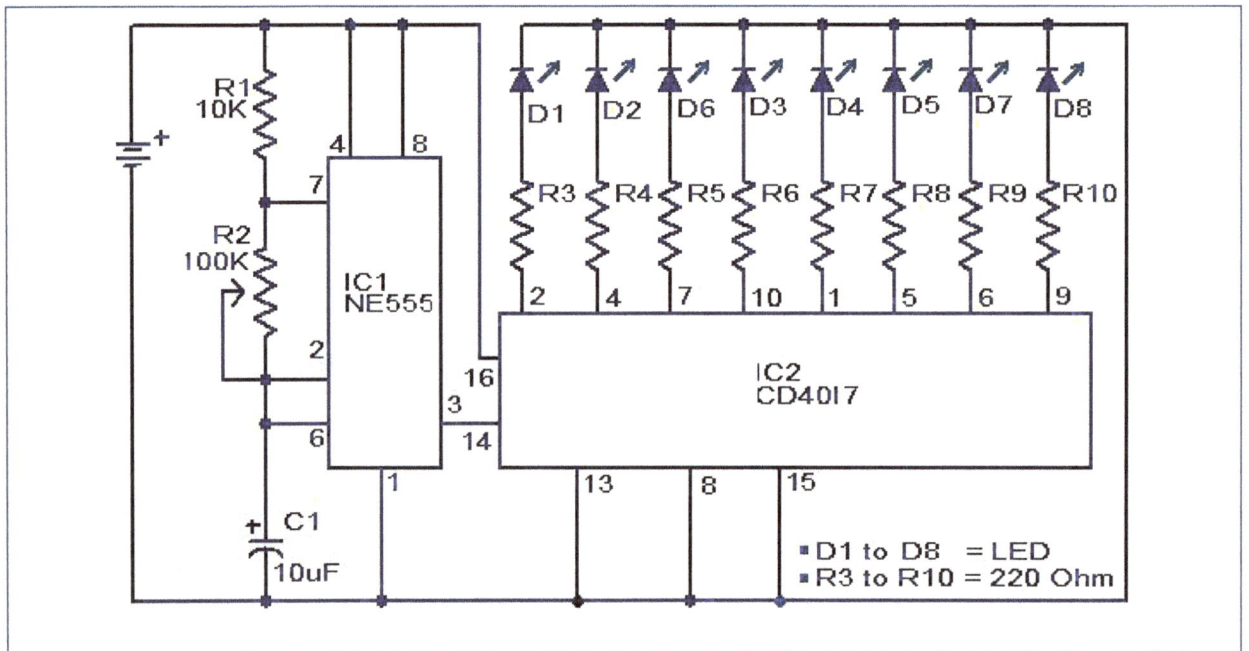

R1
10K

R2
100K

IC1
NE555

C1
10uF

IC2
CD4017

D1 D2 D6 D3 D4 D5 D7 D8

R3 R4 R5 R6 R7 R8 R9 R10

- D1 to D8   = LED
- R3 to R10 = 220 Ohm

Proje 18 – Dört Farklı Siren Sesi

Amaç

- Dört farklı türde siren sesi elde edilir.
- İlk siren sesi güç kaynağını bağladığımızda elde edilir.
- Diğer üç farklı siren sesi ise her bir butona basılmak suretiyle elde edilir.

Uyarılar

- Güç kaynağını (Pil/Piller) en son bağlayınız.
- Tüm bağlantıların doğru yapıldığından öncelikle emin olunuz.
- LED'in kutuplarının doğru yönde bağlandığından emin olunuz.
- Pillerin kutuplarının doğru bağlandığından emin olunuz.
- Isınan bir bileşen var ise güç kaynağını hemen çekiniz. Devreyi tekrar kontrol ediniz.
- Projenizi yaparken, **devre tahtası görünümünün** yanı sıra **şematik gösterimden** de faydalanınız.

Kullanılacak olan malzemeler listesi

Elektronik Bileşen Adı	Türü/Değeri	Miktar
Direnç	10 K Ohm	1 adet
Direnç	100 K Ohm	1 adet
Entegre Devre	UM3561	1 adet
Transistör	NPN (BC547)	2 adet
Potansiyometre	100 K Ohm	1 adet
Buton	Tuşlu Buton	3 adet
Hoparlör	8 Ohm 0.5 Watt	1 adet
Güç kaynağı	(4 Kalem Pil) 6 Volt	1 adet

Devre tahtasından görünümü

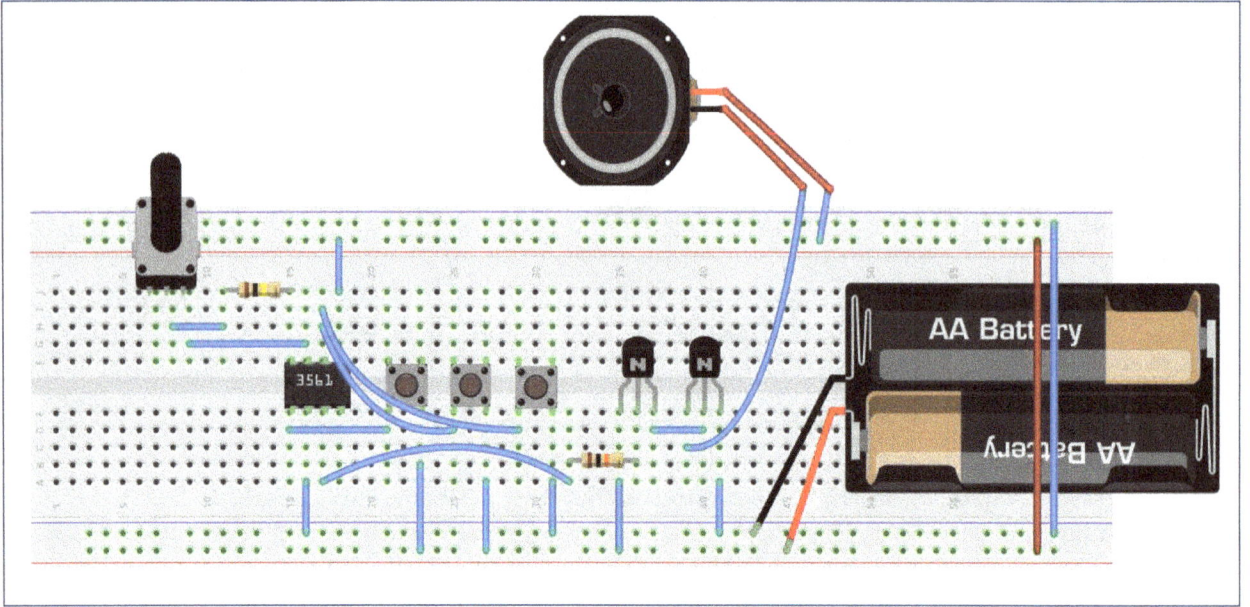

Devre tahtasının fotoğrafı

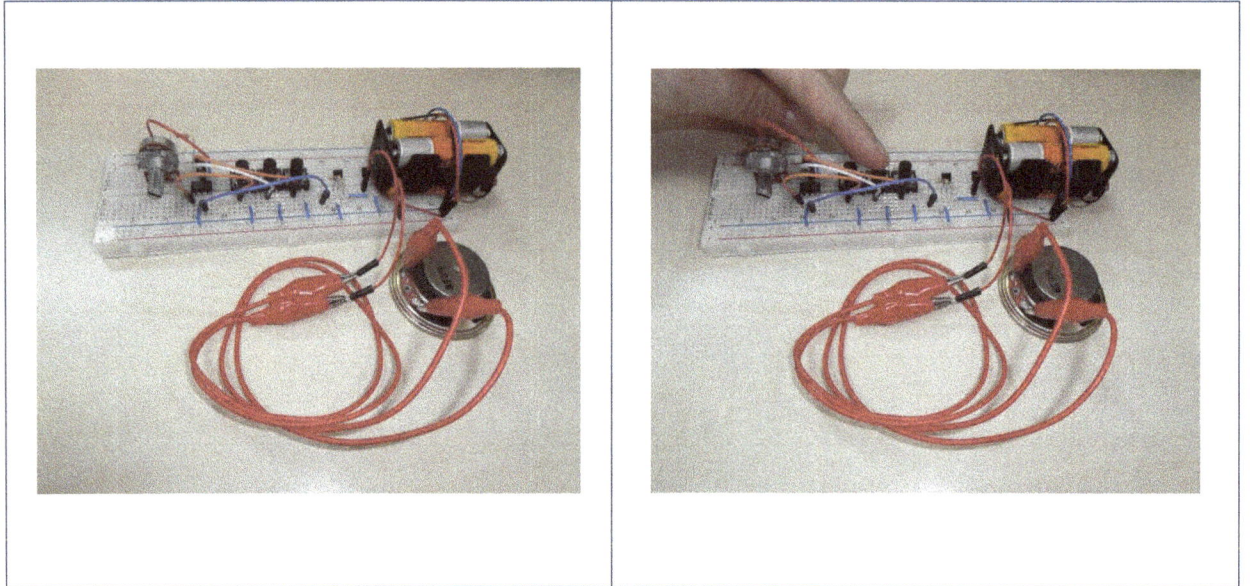

Şematik gösterimi

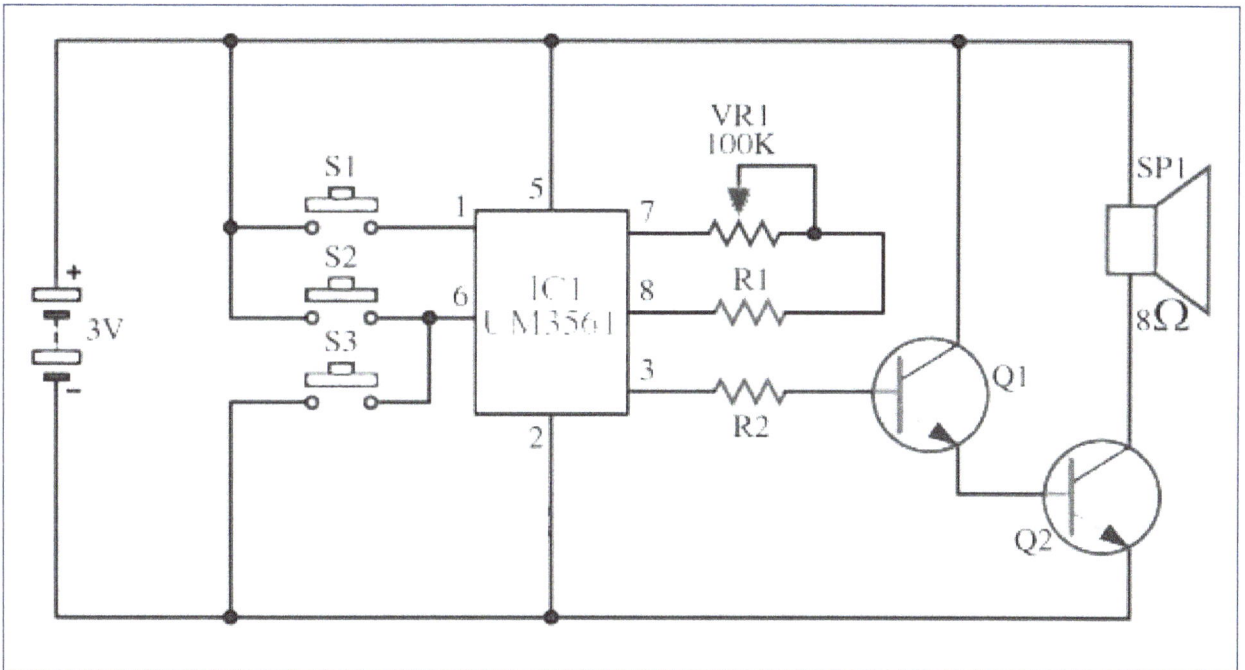

www.ingramcontent.com/pod-product-compliance
Lightning Source LLC
Chambersburg PA
CBHW081548220326
41598CB00036B/6609